はじめての

Amazon
アマゾンエコー

Echo

Show
10 / 8 / 5 &
Dot 対応

2021 最新版

守屋恵一、クライス・ネッツ 著

技術評論社

CONTENTS

本書をお読みになる前に

本書に記載された内容は、情報の提供だけを目的としています。したがって、本書を用いた運用は、必ずお客様自身の責任と判断によって行ってください。これらの情報の運用の結果について、技術評論社および著者はいかなる責任も負いません。
本書記載の情報は、2021年6月現在のものを掲載していますので、ご利用時には、変更されている場合もあります。
本書のソフトウェアに関する記述は、特に断りのない限り、2021年5月現在での最新バージョンをもとにしています。ソフトウェアはバージョンアップされる場合があり、本書での説明とは機能内容や画面図などが異なってしまうこともあり得ます。本書ご購入の前に、必ずバージョン番号をご確認ください。

本書は、以下の環境で動作を検証しています。
iOS 14　Android 11

以上の注意事項をご確認いただいた上で、本書をご利用願います。これらの注意事項をお読みいただかずに、お問い合わせいただいても、技術評論社および著者は対処しかねます。あらかじめ、ご承知おきください。

本文中に記載されている製品の名称は、すべて関係各社の商標または登録商標です。本文中に™、®、©は明記していません。

CHAPTER 1

Amazon Echoと Alexaの基礎知識

Amazon Echoは世界初のスマートスピーカーとして、2014年に米国で販売がスタートし、日本市場には2017年に投入されました。現在、国内では画面なしモデルが5機種、画面付きモデルが3機種が販売されており、スマートスピーカーの中ではもっとも大きなシェアを占めています。本章では、Echoとはどんな機器で、何ができるのか、どんなモデルが現在入手可能なのか、そしてAlexaを搭載した機器にはほかにどんな製品があるのかを紹介します。ざっと目を通して、Echoの世界がどのようなものかを知っておいてください。

便利さ満載！Echoの主要な機能をチェック

Amazon Echoで
何ができるのか知っておこう

Amazon Echoシリーズは、Amazonが開発する音声アシスタント「Alexa」を搭載した
スマートスピーカーです。まずは主な機能や特徴を知っておきましょう。

自分の声で操作して多彩な機能を利用できる

Amazon Echoシリーズは、スマートスピーカーの代表的な製品の1つです。スマートスピーカーとは、音声で操作してさまざまな機能を利用できるスピーカーの総称で、画面付きの製品はスマートディスプレイと呼ばれることもあります。Amazon Echoシリーズは、Amazonが開発したクラウドベースの音声アシスタント「Alexa（アレクサ）」を搭載

しています。ユーザーが質問やリクエストを声で伝えると、その内容をAlexaが解析し、音声で応答します。たとえば「今日のニュースは？」と話しかければ、最新のニュースを教えてくれます。そのほか、買い物リストやスケジュール管理といった生活に役立つ機能や、音楽再生などの機能もあります。うまく活用すれば、毎日の暮らしが便利になるでしょう。

[生活のいろいろなシーンで役立つ]

● 好みで選べる豊富なラインナップ

Amazon Echoシリーズには、音声のみに対応した「Echo」や「Echo Dot」のほか、大型ディスプレイ搭載の「Echo Show 10」など、画面付きのモデルもあります。詳しい製品情報は8ページ以降で紹介します。

● 手近な場所に置いて便利に活用

Echo Show 5やEcho Dotはコンパクトなので、キッチンや寝室などのちょっとしたスペースにも設置できます。ハンズフリーで操作できるので、料理で手が離せないときやベッドの中からでも簡単に使えます。

[話しかけるだけでOK！誰でも簡単に使える]

音声で質問・依頼する →

← 音声で応答する

ニュース
カレンダー
天気予報
アラーム
音楽再生
調べ物

「ニュースを教えて」「明日の天気は？」などと話しかけるだけで、知りたい情報をチェックできます。また、アラームやタイマーをセットしたり、カレンダーの予定を確認したり、音楽を聴いたりすることも可能です。

Amazonのさまざまなサービスと連携が可能

他社のスマートスピーカーにはないEchoシリーズの特徴として、Amazonの各種サービスとの連携機能が挙げられます。特に注目したいのが、Amazon Musicによる音楽再生です。また、Echo Showなどの画面付きデバイスなら、Prime Videoの映画やドラマの視聴、Amazon Photosに保存した写真の閲覧も可能です。なお、Prime VideoやAmazon Photosの利用には、Amazonプライムの会員登録が必要です（6ページ参照）。そのほか、KindleやAudibleの書籍を音声で聴く、Amazonの商品を音声で注文するといった機能も利用できます。

こんなサービスと連携できる

 Amazon Music Kindle

 Prime Video Audible

 Amazon Photos ショッピング

● Amazon Musicで音楽を聴く

アレクサ、音楽をかけて

アマゾンミュージックでおすすめのプレイリストを再生します

● Prime Videoで動画を見る

アレクサ、プライムビデオを見せて

プライムビデオはこちらです

通話や呼びかけ機能でコミュニケーション

Echoシリーズには、通話やメッセージ送信などのコミュニケーション機能もあります。家の中に複数のEchoがあれば、別の部屋にいる家族にキッチンから「ごはんができたよ」と呼びかけるといった使い方もできます。画面付きデバイスならビデオ通話が可能で、子どもやペットの見守りカメラとしても利用できます。さらに、インターホン代わりや高齢者の安否確認など、幅広い用途に使えます。

● 呼びかけるだけで会話を開始

アレクサ、おばあちゃんを呼び出して

通常の通話（コール）のほかに、相手が応答の操作をしなくても会話を始められる「呼びかけ」機能もあります。幼い子どもや高齢者と話すときに最適です。

● ビデオ通話で顔を見ながら話す

アレクサ、あかねに連絡して

画面付きデバイスならビデオ通話も可能です。特にEcho Show 10は画面が大きく、自動回転機能もあるので便利です。

POINT

ウェイクワードでAlexaを起動

Echoに話しかけるときは、最初に「ウェイクワード」を付けます。これによってAlexaが起動し、対話が可能な状態になります。ウェイクワードは、初期状態では「アレクサ」ですが、変更も可能です（37ページ参照）。

ATTENTION

設定にはスマホかタブレットが必要

Echoを使い始めるときは、iOS/Android用の「Amazon Alexa」アプリで初期設定を行います。また、あとから設定の変更などを行うときも、このアプリを使います。そのため、Echoを利用するにはスマホまたはタブレットが必須です。

1 Amazon EchoとAlexaの基礎知識

2 Amazon Echoの基本操作

3 Amazon Echoで音楽や動画を楽しもう

4 Amazon Echoの機能をスキルで拡張しよう

5 Amazon Echoで家電を操作しよう

6 Amazon Echoの高度な使い方

7 Amazon Echo&Alexaでテレワークを快適に

スキルを使ってEchoに機能を追加する

Echoを使い続けているうちに「もっといろんな機能を利用したい」と思うようになる人も多いでしょう。そこで、ぜひ活用したいのが「スキル」です。スキルとは、Echoに機能を追加するためのプログラムで、実用的なものからエンタメ系まで多くの種類があります。たとえば「食べログ」のスキルで飲食店

の情報を検索したり、「Yahoo！乗換案内」のスキルで電車の移動ルートを調べたりできます。また、ラジオ番組を聴くためのスキルや、Amazon以外のサービスで音楽を楽しむためのスキルもあります。Echoをより便利にするには、スキルが不可欠といってもよいでしょう。

[目的に合わせて多彩なスキルを使える]

● Echoにスキルを追加する

スキルを使うことでEchoに機能を追加でき、初期状態では対応していないサービスとの連携も可能になります。

● パソコンやスマホでスキルを探す

スキルは、スマホのAlexaアプリで検索・追加するほか、パソコンでAmazonのサイトにアクセスして探すこともできます。詳しい使い方は60ページで説明します。

スキルを利用すればこんなことができる！

- ● 詳しい天気や災害の情報を調べる
- ● AM・FMラジオの番組を聴く
- ● SpotifyやApple Musicなどで音楽を聴く
- ● 環境音などのサウンドを流す
- ● 新聞社やテレビ局などのニュースを聴く
- ● 株価や為替情報をチェック
- ● 電車の乗換経路を調べる
- ● タクシーの配車を依頼する
- ● 旅行や宿泊の情報を調べる

- ● 旅行や宿泊の情報を調べる
- ● 飲食店を検索する
- ● 食事のデリバリーを注文する
- ● 料理のレシピを検索する
- ● 英会話のレッスンをする
- ● 筋トレなどの運動をする
- ● カラオケを楽しむ
- ● 雑学やトリビアを知る
- ● ゲームやクイズで遊ぶ

POINT

AmazonプライムでEchoを楽しく便利に

Amazonプライムとは、Amazonで利用できるさまざまな特典を提供する会員制プログラムです。プライム会員になると、Prime Videoの対象作品を見放題で楽しめるほか、Amazon Music PrimeやAmazon Photosなども追加料金なしで利用できます。これらのサービスを活用することで、Echoをより楽しく使えるでしょう。料金は月額500円または年額4900円で、30日間の無料体験も可能です。

Amazonプライムの詳細は、公式サイト (https://www.amazon.co.jp/amazonprime) で確認できます。

1 Amazon EchoとAlexaの基礎知識

2 Amazon Echoの基本操作

3 Amazon Echoで音楽や動画を楽しもう

4 Amazon Echoの機能をスキルで拡張しよう

5 Amazon Echoで家電を操作しよう

6 Amazon Echoの高度な使い方

7 Amazon Echo&Alexaでテレワークを快適に

家電の操作にも対応！ 未来感覚のスマートライフを実現

　Echoを購入したら、ぜひやってみたいのが家電との連携です。音声でリクエストするだけで操作でき、通常のリモコンなどを使うよりも簡単です。電源のオン／オフといった単純な操作だけでなく、LEDライトの調光や調色、エアコンの設定温度の調節、テレビのチャンネルを替えるといった操作も可能です。Echoでの操作に対応する家電製品は、各メーカーから発売されています。非対応の製品でも、スマートリモコンやスマートプラグと呼ばれる機器を使えば、Echoから操作できるようになります。

[Echoを使って家電を音声で操作する]

アレクサ、リビングの電気をつけて

わかりました

Alexa対応の製品なら、Echoに話しかけるだけで簡単に操作できます。ほとんどの製品は事前にアプリなどで設定を行う必要があります。

COLUMN Amazon Echo以外のスマートスピーカー

　Amazon Echo以外のスマートスピーカーについても簡単に触れておきましょう。スマートスピーカーは、搭載している音声アシスタントによってタイプが異なります。現在日本で入手できる製品は、Googleアシスタント搭載の「Google Nest」、Siri搭載の「Apple HomePod」、CLOVA（クローバ）搭載の「LINE CLOVA」があります。特にGoogle Nestは音声認識の精度が高く、Echoと人気を二分しています。ここでは、各シリーズの代表的な製品をピックアップして紹介します。

Apple HomePod

iPhoneでもおなじみの音声アシスタント「Siri」を搭載したスマートスピーカーです。iPhoneやMacと連携しやすいのが特徴です。

Apple HomePod mini
メーカー：Apple
実勢価格：1万1880円

Google Nest

Googleアシスタント搭載のスマートスピーカーです。Google Nest Hubのほか、画面付き・画面なしを含めて4つのモデルがあります。

Google Nest Hub
メーカー：Google
実勢価格：1万1000円

LINE CLOVA

キャラクターをモチーフにしたCLOVA Friendsのほか、ディスプレイ搭載のCLOVA Deskなどの製品もあります。

CLOVA
Friends mini
メーカー：LINE
実勢価格：5500円

豊富なバリエーションからニーズに合わせて選べる

Amazon Echoシリーズの製品ラインナップ

Amazon Echoシリーズには、サイズや機能などの異なる複数のモデルがあります。
ここでは最新モデルを中心に、現行のラインナップを紹介します。

各製品の特徴やスペックをチェックしよう

Amazon Echoシリーズは、2020年の秋に新しいラインナップが発表され、「Echo」や「Echo Dot」のデザインが一新されました。さらに、2021年4月には大型ディスプレイを搭載した最上位モデルの「Echo Show 10」、6月には「Echo Show 8」と「Echo Show 5」の第2世代が発売されました。画面の有無やサイズ、価格のバリエーションが豊富で、好みや利用シーンに合わせて選べます。

ここでは、日本国内で入手可能な現行モデルを中心に、それぞれの機種の特徴を見ていきましょう。

Amazon Echo Dot（第4世代）

コンパクトなエントリーモデル

お手頃価格で入手できる人気モデルです。上位モデルのEchoと同じく球体デザインを採用していますが、よりコンパクトなサイズなので、ちょっとした空きスペースでも設置できます。はじめてAmazon Echoシリーズを使う人はもちろん、別の部屋用に買い足したいという場合にもおすすめです。

ソフトボール程度のサイズの球体ボディに1.6インチのフルレンジスピーカーを内蔵。明瞭なボーカルとバランスのとれた低音で豊かなサウンドを再生できます。

メーカー：Amazon　製品名：Echo Dot　実勢価格：5980円　音声アシスタント：Alexa　スピーカー：1.6インチ　インターフェイス：Wi-Fi（IEEE802.11a/b/g/n/ac）／Bluetooth（外部スピーカー対応）／3.5mmオーディオ出力　対応プロファイル：A2DP／AVRCP　電源：ACアダプター　サイズ：100×100×89mm　重量：約328g　カラー：チャコール／グレーシャーホワイト／トワイライトブルー

ボディーカラーはチャコール、グレーシャーホワイト、トワイライトブルーの3色から選択できます。落ち着いたグレー系のファブリック調の仕上がりです。

Amazon Echo Dot with clock

LEDで時刻などを表示

Echo Dotの前面にシンプルなLEDディスプレイを追加したモデルです。時刻や気温、タイマー、アラームを表示できます。

メーカー：Amazon　製品名：Echo Dot with clock　実勢価格：6980円　音声アシスタント：Alexa　スピーカー：1.6インチ　インターフェイス：Wi-Fi（IEEE802.11a/b/g/n/ac）／Bluetooth（外部スピーカー対応）／3.5mmオーディオ出力　対応プロファイル：A2DP／AVRCP　電源：ACアダプター　サイズ：100×100×89mm　重量：約338g　カラー：グレーシャーホワイト／トワイライトブルー

POINT

日本未発売のKids Edition

日本では未発売ですが、米国では子ども向けモデルの「Echo Dot Kids Edition」も販売されています。かわいらしいパンダやトラのデザインで、子どもとの対話に適した応答が可能なほか、ゲームや読書支援などの機能も利用できます。

Amazon Echo（第4世代）

迫力あるサウンドで家電連携も便利

Amazon Echoシリーズのスタンダードモデルです。Echo Dotよりもひと回り大きく、スピーカーの音質も優れています。また、Zigbee（ジグビー）対応のスマートホームハブを搭載し、BLE（Bluetooth Low Energy）にも対応しているので、家電などのIoT機器との連携が便利なのも特徴です。

メーカー：Amazon　製品名：Echo　実勢価格：1万1980円　音声アシスタント：Alexa　スピーカー：3.0インチネオジウムウーファー＋0.8インチツイーター×2　インターフェイス：Wi-Fi（IEEE802.11a/b/g/n/ac）／Bluetooth（外部スピーカー対応）／3.5mmオーディオ入出力　対応プロファイル：A2DP／AVRCP　電源：ACアダプター　サイズ：144×144×133mm　重量：約940g　カラー：チャコール／グレーシャーホワイト／トワイライトブルー

存在感のある球体ボディの前面にはツイーターを2基、上部には3.0インチのネオジウムウーファーを搭載し、ダイナミックなステレオサウンドを楽しめます。

外装はEcho Dotと共通のファブリック調の仕上げで、カラーも同様にチャコール、グレーシャーホワイト、トワイライトブルーの3色が用意されています。

Amazon Echo Show 10

自動的に動く10.1インチ画面を搭載

10.1インチの大型ディスプレイを搭載する最上位モデルです。ディスプレイ部分を左右に動かすモーション機能により、ユーザーの位置に合わせて自動的に最適な方向へ動きます。13メガピクセルのカメラも搭載されており、外出先から回転させて部屋全体の様子を確認することも可能です。

メーカー：Amazon　製品名：Echo Show 10　実勢価格：2万9980円　音声アシスタント：Alexa　スピーカー：1インチツイーター×2＋2.5インチウーファー　インターフェイス：Wi-Fi（IEEE802.11a/b/g/n/ac）／Bluetooth（外部スピーカー対応）　対応プロファイル：A2DP／AVRCP　電源：ACアダプター　サイズ：251×230×172mm　重量：約2560g　カラー：チャコール／グレーシャーホワイト

1280×800ピクセルの10.1インチディスプレイを搭載。下部のスピーカー部分には1インチツイーター2基と2.5インチウーファーを内蔵しています。

ディスプレイはユーザーの動きに合わせて自動的に向きが変わるモーション機能を搭載しているので、室内を移動しても常に見やすい状態が維持されます。

Amazon Echo Show 8（第2世代）

カメラ性能が向上した最新モデル

8インチディスプレイ搭載の最新モデルです。第1世代に比べてカメラの性能が向上し、13メガピクセルの高解像度を実現しました。また、ビデオ通話中にユーザーを画面の中心に表示する自動フレーミング機能も搭載しています。自動色彩調整機能で、写真を美しく表示できるのも特徴です。

メーカー：Amazon　製品名：Echo Show 8　実勢価格：1万4980円　音声アシスタント：Alexa　スピーカー：2.0インチ×2＋パッシブラジエーター　インターフェイス：Wi-Fi（IEEE802.11a/b/g/n/ac）／Bluetooth（外部スピーカー対応）　対応プロファイル：A2DP／AVRCP　電源：ACアダプター　サイズ：200×130×99mm　重量：1037g　カラー：チャコール／グレーシャーホワイト

周囲の状況に合わせて画面の色合いを自動調整でき、デジタルフォトフレームとして美しい画質で写真を楽しめます。

13ピクセルのカメラと自動フレーミング機能で、ビデオ通話に最適です。内蔵カメラに外出先からアクセスできる機能もあります。

1 Amazon EchoとAlexaの基礎知識
2 Amazon Echoの基本操作
3 Amazon Echoで音楽や動画を楽しもう
4 Amazon Echoの機能をスキルで拡張しよう
5 Amazon Echoで家電を操作しよう
6 Amazon Echoの高度な使い方
7 Amazon Echo＆Alexaでテレワークを快適に

Amazon Echo Show 5（第2世代）

画面付きのコンパクトモデル

5.5インチディスプレイと2メガピクセルのカメラを搭載。画面付きモデルを手軽に使いたい人におすすめです。

メーカー：Amazon　製品名：Echo Show 5　実勢価格：8980円　音声アシスタント：Alexa　スピーカー：1.65インチフルレンジ　インターフェイス：Wi-Fi（IEEE802.11a/b/g/n/ac）／Bluetooth（外部スピーカー対応）　対応プロファイル：A2DP／AVRCP　電源：ACアダプター　サイズ：148×86×73mm　重量：403g　カラー：チャコール／グレーシャーホワイト／ディープシーブルー

Amazon Echo Studio

3Dオーディオが楽しめる

音質を重視した上位モデルです。内蔵する5個のスピーカーにより、パワフルで立体感のある3Dオーディオを楽しめます。

メーカー：Amazon　製品名：Echo Studio　実勢価格：2万4980円　音声アシスタント：Alexa　スピーカー：5.25インチウーファー＋2.0インチミッドレンジ×3＋1.0インチツイーター　インターフェイス：Wi-Fi（IEEE802.11a/b/g/n/ac）／Bluetooth（外部スピーカー対応）／3.5mm/mini-opticalオーディオ出力　対応プロファイル：A2DP／AVRCP　電源：AC　サイズ：206×175×175mm　重量：3.5kg

Amazon Echo Auto

国内初登場の車載デバイス

Alexaの機能を車の中で活用するための製品です。音声で操作できるので、音楽再生やニュースの確認、通話など、ドライブ中に役立つ機能をハンズフリーで利用できます。本体にAlexaが搭載されているのではなく、スマホのAlexaアプリと連携させて使う仕組みになっています。また、音声出力はカーオーディオから行います。

メーカー：Amazon　製品名：Echo Auto　実勢価格：4980円　音声アシスタント：非搭載（スマホのAlexaと連携）　スピーカー：なし　インターフェイス：Bluetooth（外部スピーカー対応）／3.5mmオーディオ出力　対応プロファイル：HFP/A2DP／AVRCP　電源：Micro-USB　サイズ：85×47×13.28mm　重量：約45g

本体に8個のマイクを内蔵し、運転中の騒音やエアコンの音、カーオーディオの音楽などで騒々しい車内でも、ユーザーの声にスムーズに反応してくれます。

付属のエアコン送風口用アタッチメントで取り付け、Bluetoothか3.5mmオーディオケーブルでカーオーディオと接続します。電源はUSBまたはシガーソケットから供給します。

POINT

米国ではウェアラブル機器なども販売

　米国では、Amazon Echoシリーズのウェアラブルデバイスも販売されています。スマートグラスの「Echo Frames」や、ワイヤレスイヤホン型の「Echo Buds」といった製品があります。移動中など、場所を問わずにAlexaの機能を利用できるのがメリットです。

　また、Echoと連携するスマートホーム製品もあり、音声操作で調理できる「Amazon Smart Oven」などが販売されています。

　なお、これらの商品は、いずれも日本では未発売です。

「Echo Frames」は、Alexa搭載のメガネ型デバイスです。

「Echo Buds」では、ワイヤレスで音楽を楽しめます。

「Amazon Smart Oven」は、Echoと連携して動作するオーブンです。音声で指示して簡単にクッキングができます。

1 Amazon EchoとAlexaの基礎知識

2 Amazon Echoの基本操作

3 Amazon Echoで音楽や動画を楽しもう

4 Amazon Echoの機能をスキルで拡張しよう

5 Amazon Echoで家電を操作しよう

6 Amazon Echoの高度な使い方

7 Amazon Echo&Alexaでテレワークを快適に

Amazon Echo Sub

Echo用サブウーファー

EchoやEcho Dotなどと組み合わせて使うサブウーファーです。音楽ストリーミングをパワフルなサウンドで楽しめます。

メーカー：Amazon　製品名：Echo Sub　実勢価格：1万5980円　スピーカー：6インチサブウーファー　インターフェイス：Wi-Fi（IEEE802.11a/b/g/n）　電源：AC　サイズ：202×210×210mm　重量：4.2kg

Amazon Echo Link

古いステレオをAlexa対応に

音楽配信サービス未対応の古いステレオに接続して、Amazon Musicなどの楽曲をストリーミング再生できます。

メーカー：Amazon　製品名：Echo Link　実勢価格：2万4980円　インターフェイス：Wi-Fi（IEEE802.11a/b/g/n）／Bluetooth（外部スピーカー対応）／RCAアナログ入出力／同軸/光デジタル入出力／3.5mmヘッドホン出力／RJ45イーサネット　対応プロファイル：A2DP　電源：ACアダプター　サイズ：115×135×68mm　重量：約510g

Amazon Echo Link Amp

Alexa対応プリメインアンプ

スピーカーをEchoやAlexaアプリから鳴らすためのオーディオアンプです。手持ちの高音質スピーカーを利用できます。

メーカー：Amazon　製品名：Echo Link Amp　実勢価格：3万6980円　インターフェイス：Wi-Fi（IEEE802.11a/b/g/n）／Bluetooth（外部スピーカー対応）／RCAアナログ入出力／同軸/光デジタル入出力／3.5mmヘッドホン出力／RJ45イーサネット　対応プロファイル：A2DP　電源：ACアダプター　サイズ：217×242×86　重量：約2286g

POINT

Echoと同期する壁掛け時計

Echoと連携して動作する時計です。複数のタイマーを音声でセットでき、LED表示で残り時間の目安がわかります。

メーカー：Amazon　製品名：Echo Wall Clock - Disney ミッキーマウス エディション　実勢価格：5980円

COLUMN　サードパーティのAlexa搭載製品

　Alexaを搭載した製品は、Amazon以外のメーカーからも発売されています。音質にこだわるなら、音響機器メーカーのスピーカーやヘッドホンを選ぶとよいでしょう。また、Amazon製のラインナップにはないスマートウォッチなどのウェアラブル端末もあります。

充電式のポータブルスピーカー。BOSEならではのサウンドを手軽に楽しめます。

メーカー：BOSE　製品名：PORTABLE HOME SPEAKER　実勢価格：4万3200円

ハイレゾ級の音質を実現した完全ワイヤレスイヤホン。通話にも使えます。

メーカー：ソニー　製品名：WF-SP800N　実勢価格：1万9939円

健康管理に役立つ機能が充実したスマートウォッチ。Alexaを使ってリマインダーや天気の確認などもできます。

メーカー：Fitbit　製品名：Fitbit Sense　実勢価格：2万9527円

SECTION 3

Amazonの多彩なデバイスがAlexaに対応！

こんな機器でもAlexaの機能が使える

Alexaを利用できるのは、Echoシリーズのスマートスピーカーだけではありません。
「Fire TV」や「Fire HD」などの製品にも、Alexaの機能が搭載されています。

Alexaを利用できるスピーカー以外の製品

Amazonでは、Echoシリーズ以外にもさまざまなデバイスを販売しています。たとえば「Fire TV」シリーズは、テレビに接続して動画などのコンテンツを楽しむための機器ですが、現行モデルはすべて Alexaに対応しており、リモコンの代わりに音声で操作することが可能です。また、タブレット端末の「Fire HD」シリーズもAlexaを搭載しているので、Echo Showのように使うことができます。

Fire TV Stick

テレビに接続して動画鑑賞

テレビのHDMI端子に接続すると、Alexa対応の音声認識リモコンを使って、Prime Videoなどのコンテンツを楽しめます。

メーカー：Amazon　製品名：Fire TV Stick　実勢価格：4980円
音声アシスタント：Alexa　インターフェイス：Wi-Fi（IEEE 802.11a/b/g/n/ac）／Bluetooth（外部スピーカー対応）／HDMI 出力　電源：Micro USB　サイズ：86×30×13mm　重量：約 32g

---

Fire TV Cube

ハンズフリーで使えるのが便利

4K・HDRに対応した、Fire TVシリーズの最上位モデル。リモコンを使わなくても、本体に直接話しかけてAlexaの機能を利用できます。

メーカー：Amazon　製品名：Fire TV Cube　実勢価格：1万 4980円　音声アシスタント：Alexa　スピーカー：40mm　インターフェイス：Wi-Fi（IEEE802.11a/b/g/n/ac）／Bluetooth（外部スピーカー対応）／赤外線／HDMI／Micro USB　電源：ACアダプター　サイズ：86.1×86.1×76.9mm　重量：約465g

---

Fire HD 10 Plus

Showモード対応のタブレット

タブレット端末「Fire HD」シリーズの高性能モデル。専用のワイヤレス充電スタンド（別売）にセットしてShowモードに設定すれば、Echo Showのように使えます。

メーカー：Amazon　製品名：Fire HD 10 Plus　実勢価格：1万 8980円～　音声アシスタント：Alexa　スピーカー：Dolby Atmosデュアルステレオ　インターフェイス：Wi-Fi（IEEE802. 11a/b/g/n/ac）／Bluetooth（外部スピーカー対応）／USB-C／ 3.5mmオーディオ出力　電源：内蔵バッテリー／ACアダプター （USB-C）　サイズ：247×166×9.2mm　重量：約468g　カラー：スレート

POINT
スマホアプリでAlexaの機能を使う

スマホ用の「Amazon Alexa」アプリでは、EchoなどのAlexa搭載デバイスの設定を行うだけでなく、スマホに話しかけてAlexaの機能を利用することも可能です。Echoが近くにないときや、購入前にAlexaの機能を試したいときなどに便利です。

CHAPTER 2

Amazon Echoの
基本操作

Amazon Echoには多くの機能が搭載されています。その反面、Echoを
操作するには通常Echoに話しかけます。パソコンのようにマウスやキ
ーボードは使えず、画面付きモデルではタッチ操作はできますが、スマ
ホのような操作には対応していません。そのため、どんな機能があって、
どのように話しかければその機能を使えるのかを知っておく必要があり
ます。本章では、Echoに話しかけて、求める情報を引き出す方法を紹介
しています。また、タイマーやリマインダーを利用したり、画面付きモ
デルでビデオ通話したり、複数の機能をまとめて実行したりといった使
い方も解説します。

まずはEchoを使えるように準備しよう

Amazon Echoの
初期設定と基本操作

Amazon Echoを使い始めるには、まずAlexaアプリを使ってセットアップを行います。
また、本体のボタンの使い方なども覚えておきましょう。

スマホのAlexaアプリを使って設定を行う

Amazon Echoを使い始めるときは、最初にスマホの「Amazon Alexa」アプリ（以下、「Alexaアプリ」）を使ってセットアップを行います。Wi-Fiが必要なので、あらかじめ利用できる状態にしておき、スマホのBluetoothもオンにしておきましょう。ここではEcho（第4世代）を例に説明しますが、Echo

Dotなどの場合も手順はほぼ同じです。ただし、旧モデルの場合は手順が多少異なる場合もあります。

Amazon Alexa
開発元：
Amazon Mobile LLC
価格：無料

 iOS Android

[Echoをセットアップするための手順]

1 Echoを電源につないで準備する

Echoに付属の電源アダプターをつなぎ、コンセントに接続します。ライトリングが青色に点灯し、しばらくしてオレンジ色に変わったら、セットアップの準備は完了です。

2 スマホでセットアップを開始

スマホでAlexaアプリを起動し、Amazonのアカウントを入力してログインします。「Echoはセットアップできます」と表示されたら「次へ」をタップします。

3 EchoをWi-Fiに接続する

「Wi-Fiネットワークを選択」画面が表示されたら、接続したいネットワークを選び、パスワードを入力して「接続」をタップします。なお、「Amazonにパスワードを保存して～」にチェックを付けると、別のデバイスを追加するときに簡単に接続できます。

ATTENTION
セットアップがうまくいかない場合

手順2でセットアップ画面が表示されない場合は、画面下部の「デバイス」タブ→右上の「＋」をタップすればセットアップを開始できます。また、設定を間違えた場合などは、Echo本体のアクションボタンを長押しするとセットアップを最初からやり直せます。

4 その他の項目を設定する

続いて、Echoの置き場所によるグループ化や、音声プロフィールの作成などの画面が表示されます。これらの設定は、「スキップ」をタップして省略し、あとから行うこともできます。

POINT

Echo Showのセットアップ

Echo Showシリーズの場合は、本体の画面を操作して初期設定を行います。ただし、あとから細かい設定を行うにはスマホのAlexaアプリが必要なので、必ずインストールしておきましょう。

はじめて電源を入れるとセットアップ画面が表示されるので、指示にしたがって設定を進めます。

Echo本体のボタンの使い方を知っておこう

Echoでは、ほとんどの操作を音声で行いますが、状況によっては本体のボタンで操作することもできます。EchoやEcho Dotの場合、アクションボタンを押すとユーザーからの音声リクエストを受け付ける状態になります。話しかけても反応がない場合は、この操作を試してみましょう。また、マイクを一時的にオフにしたいときはマイクオン／オフボタンを押します。再度このボタンを押せば、オンの状態に戻せます。

Echo Showシリーズは画面で操作できるため、アクションボタンはありません。また、カメラカバーを閉じる（オレンジ色の状態にする）と、マイクはオンのままカメラだけをオフにできます。プライバシーが気になるときに使いましょう。

● Echo/Echo Dotのボタン

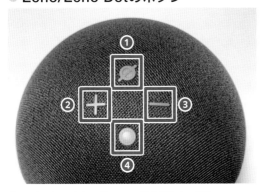

❶マイクオン／オフボタン　❷音量アップボタン
❸音量ダウンボタン　❹アクションボタン

● Echo Showシリーズのボタン

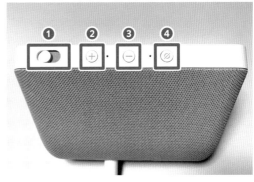

❶カメラカバー　❷音量アップボタン
❸音量ダウンボタン　❹マイク／カメラオン／オフ
　　　　　　　　　　　ボタン

COLUMN　Echoの電源をオフにするには

通常、Echoは電源を入れっぱなしで問題ありませんが、しばらく使わないときや別の場所へ移動するときなど、電源を切りたいこともあるでしょう。EchoやEcho Dotの場合、電源アダプターをコンセントから抜いて電源を切ります。Echo Showシリーズの場合、マイク／カメラオン／オフボタンを長押しすると「シャットダウンしますか?」と表示されるので、「OK」をタップします。

右端縦方向見出し：
1 Amazon EchoとAlexaの基礎知識
2 Amazon Echoの基本操作
3 Amazon Echoで音楽や動画を楽しもう
4 Amazon Echoの機能をスキルで拡張しよう
5 Amazon Echoで家電を操作しよう
6 Amazon Echoの高度な使い方
7 Amazon Echo&Alexaでテレワークを快適に

話しかけるだけでいろいろな操作ができる！

Amazon Echoに
話しかけてみよう

セットアップが完了したら、さっそくEchoに話しかけてみましょう。
ここでは、簡単な質問を例に、Alexaと音声でやりとりするための基本を説明します。

簡単な質問で音声操作の基本を覚える

Echoに話しかけるときは、まず「アレクサ」と呼びかけましょう。すると、本体下部のライトリング（Echo Showシリーズの場合は画面下部のライトインジケーター）が青色に点灯し、音声を聞き取る状態になります。続けて、質問や頼みたいことを伝えれば、Alexaが答えてくれます。

[　知りたいことをAlexaに聞いてみよう　]

1 今日の日付や時刻を確認する

アレクサ、
今日は何日？

〇月〇日〇曜日です

「アレクサ」と呼びかけたあと、「今日は何日？」と話しかけると、その日の日付と曜日を答えてくれます。また、「今、何時？」と質問して時刻を確認することも可能です。

2 天気予報を調べる

アレクサ、
今日の天気は？

〇〇（現在地名）の
現在の天気は曇りで、
気温は〇〇度です

「今日の天気は？」と話しかけると、Alexaアプリに設定されている住所に基づいた現在地の天気を答えてくれます。「〇〇市の天気は？」のように地域を指定することも可能です。

3 ニュースを聞く

アレクサ、
今日のニュースを教えて

今日の午後の
ニュースをお伝えします。
〇〇（メディア名）から
お伝えします……

「今日のニュースを教えて」と話しかけると、ニュースが読み上げられます。はじめて使うときは、どのメディアのニュースを読むかを聞かれるので、聞きたいものを答えます。また、スキルからメディアを追加することも可能です（60ページ以降を参照）。

4 音声の一時停止や再開をする

アレクサ、ストップ

アレクサ、再開

アレクサが問いかけに答えているときなど、音声が流れている途中で一時停止したい場合は、「アレクサ、ストップ」と話しかけます。再開するときは「アレクサ、再開」と話しかければ続きを聞くことができます。

5 翻訳や換算なども可能

アレクサ、
「こんにちは」を
スペイン語で

「こんにちは」を
スペイン語でいうと
「Hola」

「○○を○○語で」と話しかければ、翻訳が可能です。そのほか、「12ユーロは何円?」といった通貨・単位の換算や、雑学に関する質問にも答えてくれます。

6 何ができるのかアプリで調べる

スマホのAlexaアプリで「その他」タブの「もっと見る」→「試してみよう!」をタップすると、Alexaの機能がカテゴリ別に表示されます。質問の例を知りたいときは、ここで調べてみましょう。

やりとりした内容をあとから確認する

Alexaへの質問と回答は、「アクティビティ」として保存され、あとからAlexaアプリで確認できます。音声で教えてもらっただけでは覚えにくい情報も、画面で見ればわかりやすいので便利です。質問の内容によっては、文字だけでなく画像付きで表示される場合もあります。

[Alexaアプリでアクティビティを見る]

1 「アクティビティ」を開く

Alexaアプリで「その他」タブをタップし、表示される画面で「アクティビティ」をタップします。

2 質問と回答の履歴が表示される

Alexaで調べたことが「カード」として表示されます。「続きを表示」をタップすると、Alexaが聞き取った音声の確認や、カードの削除などが可能です。

COLUMN 検索の対象となる場所を登録する

天気予報を調べたり、飲食店を検索したりするときは、Amazonアカウントに登録した住所をもとに地域が特定されます。別の場所でEchoを使っている場合は、「デバイスの所在地」で設定しておきましょう。さらに、自宅や職場など任意の住所を登録すれば、その地域に関する情報を簡単に調べることができます。

「その他」タブの「設定」→「デバイスの設定」でデバイス名を選択し、「デバイスの所在地」をタップして住所を登録します。

「その他」タブの「設定」→「保存した場所」をタップすると、自宅や職場など、よく訪れる場所の住所を登録できます。

忘れたくないことは話しかけてすぐ登録

タイマー・リマインダーや リストを利用する

アラームやタイマーを使いたいとき、Echoなら話しかけるだけで簡単にセットできます。
また、「買い物リスト」や「やることリスト」といった機能も用意されています。

音声で簡単にアラームなどを設定できる

Echoには、アラームやタイマーの機能があります。音声だけで操作できるので、ベッドの中や調理中で手が離せないときでも簡単に使えるのがメリットです。また、買い物ややるべきことを忘れないように

する「リスト」や、指定した日時に用件を通知してくれる「リマインダー」も便利です。これらの機能で登録した内容は、Alexaアプリで確認や変更を行うことも可能です。

[　　アラームやタイマーを設定する　　]

1 アラームをセットする

アレクサ、午前7時に
アラームをセットして

午前7時にアラームを
設定しました

「○時にアラームをセットして」と話しかけることで設定できます。アラームが鳴っているときに「スヌーズ」と話しかけると、9分後に再びアラームを鳴らすことが可能です。

2 タイマーをセットする

アレクサ、
タイマー5分

5分のタイマーを
開始します

「タイマー○分」と話しかけることでタイマーを設定できます。残り時間を確認したい場合は「タイマー、あと何分?」、キャンセルする場合は「タイマーをキャンセル」と話しかけます。

アラーム・タイマー関連の便利なコマンド

音声コマンド	動作
「アラームをセットして」 「○○時に起こして」	アラームをセットする
「アラームを確認して」	設定中のアラームを確認する
「スヌーズ」	スヌーズをセットする
「アラームを止めて」	アラームを止める
「タイマーをセットして」 「○○分のタイマーをセットして」	タイマーをセットする
「タイマーを確認して」	設定中のタイマーを確認する
「タイマーを止めて」 「タイマーをキャンセル」	タイマーを止める

3 アプリでアラームなどを管理する

Alexaアプリの「その他」タブで「アラーム・タイマー」をタップすると、設定したアラームやタイマーを確認できます。右のスイッチでオン/オフの切り替え、時刻をタップすれば設定の変更が可能です。

POINT

好きな曲をアラームとして使用する

アラームでは、あらかじめ用意されているサウンドのほかに、自分の好きな曲を流すことも可能です。その場合は、「○時に○○(曲名やアーティスト名など)でアラームをセットして」

と話しかけましょう。ただし、この機能を使うには、利用する音楽サービスの設定を事前に済ませておく必要があります(詳しくは46ページ以降を参照)。

[買い物リスト・やることをリストを利用する]

 買い物リストに追加する

> アレクサ、買い物リストに「牛乳」を追加して

> 牛乳を買い物リストに追加しました

買い物リストに追加する場合は、「買い物リストに○○を追加」と話しかけます。登録した内容を確認するには、「買い物リストを教えて」と話しかけましょう。

 やることリストに追加する

> アレクサ、やることリストに「本棚整理」を追加

> 「本棚整理」をやることリストに追加しました

やることをリストに追加するときは、「やることリストに○○を追加」と話しかけます。また、「やることリストを教えて」と話しかけると、内容を確認できます。

③ アプリでリストを表示する

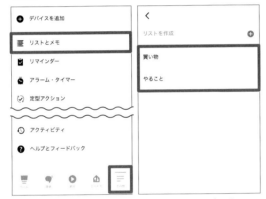

Alexaアプリでリストを管理するには、「その他」タブの「リストとメモ」をタップし、「買い物」または「やること」をタップします。なお、この画面で新しいリストを作成することも可能です。

④ リストの項目を管理する

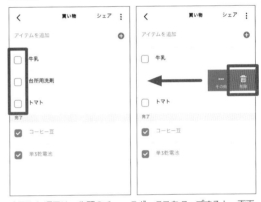

完了した項目は、先頭のチェックボックスをタップすると、画面下部の「完了」に移動します。不要な項目を削除したい場合は、右から左へスワイプして「削除」をタップします。

[リマインダーを使う]

① 項目を追加する

> アレクサ、明日午前7時に「可燃ゴミ」をリマインドして

> はい。明日の午前7時にお知らせします

「○時に○○をリマインドして」と話しかけると、リマインダーに追加され、指定した日時に通知してくれます。また、「明日のリマインダーを削除して」で削除できます。

② アプリでリマインダーを管理する

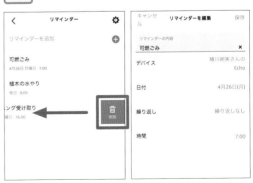

Alexaアプリの「その他」タブで「リマインダー」をタップすると、登録した項目を確認できます。項目を右へスワイプすれば完了済みになり、左へスワイプすれば削除できます。項目をタップして「編集」をタップすれば、内容の変更が可能です。

1 Amazon EchoとAlexaの基礎知識

2 Amazon Echoの基本操作

3 Amazon Echoで音楽や動画を楽しもう

4 Amazon Echoの機能をスキルで拡張しよう

5 Amazon Echoで家電を操作しよう

6 Amazon Echoの高度な使い方

7 Amazon Echo&Alexaでテレワークを快適に

音声でらくらく予定を追加・確認できる

カレンダーと連携してスケジュールを管理する

Echoのカレンダー機能では、ウェブ上のサービスと連携して予定を管理できます。新しい予定を追加したり、予定を確認したりといったことが音声で行えます。

Googleなどのカレンダーと連携する

Echoでは、GoogleやMicrosoft、Appleのカレンダーサービスと連携して予定を管理できます。予定の追加や確認を音声で行うことができ、大変便利です。利用するには、まずAlexaアプリでアカウントの

リンクを設定しておきましょう。

なお、追加した予定はすべて同じカレンダーに登録されるので、家族など複数のユーザーでEchoを使っている場合は注意が必要です。

[カレンダーの連携設定をする]

1 連携するサービスを選ぶ

Alexaアプリで「その他」タブの「設定」→「カレンダー」をタップし、利用したいサービスを選択します。このあと確認画面が表示されるので、「次へ」をタップします。

2 アカウントにログインする

選択したカレンダーサービスのログイン画面が表示されます、説明にしたがってメールアドレスやパスワードを入力し、ログインと本人確認を行います。

3 同期するカレンダーを選択する

完了したら、画面左上の「<」をタップします。1つのアカウントで複数のカレンダーを使っている場合、Echoで利用したいものをオンにします。

4 通知の設定を行う

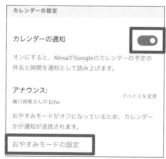

手順3の画面上部にある「カレンダーの通知」をオンにすると、Echoで予定の通知を受け取れます。深夜などに通知をオフにしたい場合は、「おやすみモードの設定」をタップして設定しましょう。

POINT

予定を追加するカレンダーを指定する

カレンダー機能では、複数のアカウントを登録することもできます。ただし、Echoから予定を追加できるカレンダーは1つだけで、それ以外は確認のみが可能です。追加先のカレンダーを変更したい場合は、Alexaアプリで右図のように設定しましょう。

「その他」タブの「設定」→「カレンダー」の「新しい予定」の下に、現在の追加先が表示されます。ここをタップすれば、別のカレンダーに変更できます。

カレンダーに予定を追加・確認する

カレンダーへの予定の追加は、予定の日時や内容を話しかけることで行えます。また、「明日の予定を教えて」のように話しかけることで、登録されている予定を確認することも可能です。なお、予定の確認では、Echoから登録したものだけでなく、スマホやパソコンなどからカレンダーに追加した予定も含め、そのカレンダーに登録されているすべての予定が読み上げられます。

[音声で予定の追加・確認をする]

1 予定を登録する

> アレクサ、
> 明日の午前10時に
> 定例会議を登録して

> ○月○日○曜日の
> 午前10時に
> 定例会議ですね?

予定の内容と日時を話しかけると、Alexaが確認の返答をします。「はい」と答えれば予定が登録されます。

2 予定を確認する

> アレクサ、
> 明日の予定を教えて

> 明日は予定が
> 1件あります。○月○日
> ○曜日の午前10時に
> 定例会議です

予定を確認したいときは、「明日の予定を教えて」のように話しかけると、登録されている予定を答えてくれます。

カレンダーの便利なコマンド

音声コマンド	動作
「明日の午前／午後○時に○○を登録して」	指定した日時に話しかけた内容の予定を登録する
「予定を登録」「カレンダーに追加」	アレクサの質問に答える形で予定を登録する
「明日の予定を教えて」「○曜日の予定を教えて」「○月○日の予定を教えて」	指定した日時の予定を確認する

POINT

不要なアカウントを解除する

カレンダーで登録したアカウントが不要になった場合は、リンクを解除しましょう。Alexaアプリで「その他」タブの「設定」→「カレンダー」をタップしてアカウントを選択し、「アカウントをリンク解除」をタップすればOKです。

COLUMN 予定の変更や削除を行うには

予定の変更や削除も、音声で行うことができます。たとえば、日時を変更したい場合は「明日の定例会議を午前9時からに変更して」などと話しかけましょう。

ただし、Echoから変更や削除が可能なのは、新しい予定の追加先として設定したカレンダーに限られます。それ以外のカレンダーに登録されている予定は、スマホのアプリやパソコンのブラウザーから連携先のサービスにアクセスして変更・削除しましょう。

> アレクサ、
> 予定を削除して

> どの予定を
> 削除しますか?

削除したい場合は、まず「予定を削除して」と話しかけて、Alexaが応答したら、「○曜日の定例会議」などと指示しましょう。

1 Amazon EchoとAlexaの基礎知識

2 Amazon Echoの基本操作

3 Amazon Echoで音楽や動画を楽しもう

4 Amazon Echoの機能をスキルで拡張しよう

5 Amazon Echoで家電を操作しよう

6 Amazon Echoの高度な使い方

7 Amazon Echo&Alexaでテレワークを快適に

ディスプレイを活用して便利に使おう

Echo Show 10/8/5の機能を使いこなす

画面付きのEcho Showシリーズなら、音声だけでなく文字や画像でも情報をチェックできます。予定を確認するときや、ネットで情報を調べるときなどに便利です。

画面を使って情報をわかりやすく表示できる

Echo Showシリーズは、音声のやりとりに加えてディスプレイも利用できるのが特徴です。文字や画像、映像を表示でき、画面をタッチして操作することも可能です。そのため、カレンダーや買い物リストといった機能をより便利に使うことができ、調べ

ものにも重宝します。

また、Echo Showシリーズには「Silk」というブラウザーが搭載されています。起動から検索まで音声操作で行うことができ、手軽にウェブページを閲覧できます。

[さまざまな情報を画面でチェックする]

● カレンダーやアラームを確認

「今日の予定は?」と話しかければスケジュールの一覧が表示され、タップすると詳細の確認や削除などが可能です。アラーム機能も、画面を見ながら設定できるので安心です。

● ネットの情報を検索する

たとえば「近くのラーメン屋を教えて」などと話しかければ、飲食店を検索できます。また、「○○の写真を見せて」と話しかけて、ネット上の画像を検索することも可能です。

[ブラウザーでウェブページを閲覧する]

1 SilkでGoogleにアクセスする

アレクサ、グーグルを開いて

「グーグルを開いて」と話しかければ、Silkが起動してGoogleにアクセスできます。なお、「シルクを開いて」で起動することも可能です。

2 キーワードを指定して検索する

アレクサ、○○（キーワード）

「アレクサ、○○」とキーワードを伝えれば、検索が実行されます。なお、「○○を検索して」などと話しかけると、そのままキーワードとして入力されてしまうので注意しましょう。

Echo Show 10のモーション機能を活用する

Echo Show 10には、ディスプレイ部分が左右に回転するモーション機能が搭載されています。さらに、ユーザーの位置に合わせて自動回転する追いかけ機能もあります。便利な機能ですが、近くにマグカップなどが置いてあると、ぶつかって倒れてしま

う恐れがあるので要注意です。モーションや追いかけ機能のオン／オフは音声操作で切り替えられるので、不要なときはオフにしましょう。また、本体の「設定」画面から「モーション」を開くと、回転範囲の調整など詳細な設定が可能です。

[音声でモーション機能をコントロールする]

● **モーションの設定を切り替える**

アレクサ、
モーションをオフにして

モーションがオフになりました。
オンにするには……
（説明が続く）

モーションのオン／オフは、話しかけるだけで簡単に設定できます。画面操作で設定を変更することも可能です。

モーション・追いかけ機能のコマンド

音声コマンド	動作
「モーションをオンにして」	モーション機能をオンにする
「モーションをオフにして」	モーション機能をオフにする
「ついてきて」	追いかけ機能をオンにする（モーション機能がオンになっている必要がある）
「ついてこないで」	モーション機能はオンにしたまま、追いかけ機能をオフにする
「私を見て」	ユーザーのいる方向へ回転する
「右に回って」	右へ回転する
「左に回って」	左へ回転する

メニューなどの使い方を知っておこう

Echo Showの画面上端を下へスワイプするとメニューが表示され、明るさの調整やおやすみモードのオン／オフといった操作ができます。このメニューから「設定」画面を開くと、Echo Showの動作に関するさまざまな設定が可能です。ただし、アカウ

ント全体にかかわる設定などは、スマホのAlexaアプリで行う必要があります。

また、画面の左端から右へスワイプすると、「コミュニケーション」や「ミュージック」などの機能を呼び出すためのアイコンを利用できます。

● **Echo Showの画面を操作する**

画面の上端を下へスワイプすると、メニューが表示されます。ここから「設定」を開くことができます。

画面の右端を左へスワイプすると、このような画面が表示されます。左側にあるアイコンから、各種機能を呼び出せます。

POINT

ホーム画面をカスタマイズする

Echo Showのホーム画面は、壁紙や時計のデザインを好みに合わせて変更できます。本体の「設定」→「壁紙・時計」（Echo Show 5の場合は「設定」→「ホーム・時計」）で設定しましょう。また、ホーム画面には天気や予定など、さまざまな情報が表示されますが、これらもカスタマイズが可能です。興味のない項目や、家族に見られたくない情報が表示される場合は、オフにしておきましょう。「設定」→「ホームコンテンツ」（Echo Show 5の場合は「設定」→「ホーム・時計」→「ホームコンテンツ」）で、表示のオン／オフを選択できます。

1 Amazon EchoとAlexaの基礎知識

2 Amazon Echoの基本操作

3 Amazon Echoで音楽や動画を楽しもう

4 Amazon Echoの機能をスキルで拡張しよう

5 Amazon Echoで家電を操作しよう

6 Amazon Echoの高度な使い方

7 Amazon Echo&Alexaでテレワークを快適に

Echoデバイスやアプリで通話ができる

Amazon Echoの通話機能を使ってみよう

Echoの通話機能を使うと、Echoデバイス同士やAlexaアプリで、電話のように通話をすることができます。家族や友人とのちょっとした連絡に役立ちます。

Echo同士で手軽に話したいときに最適

Amazon Echoには、家族や親しい人との連絡に役立つコミュニケーション機能が搭載されています。利用できる機能は、通話にあたる「コール」のほか、すばやく連絡したいときに便利な「呼びかけ」や「ア

ナウンス」、録音した内容をAlexaの声で伝える「メッセージ」の4種類があります。これらの機能を利用するには、まずAlexaアプリに電話番号を登録して設定を行う必要があります。

[Echo同士で電話のように通話できる]

● Echo同士で通話ができる

事前にコミュニケーション機能の設定を行ったアカウント同士なら、Echo同士で電話のように通話が可能です。通話料がかからず、ネット接続料金だけで使えるのもメリットです。

● Alexaアプリからも通話可能

通話機能は、スマホのAlexaアプリからも利用できます。外出先から自宅にいる家族へのちょっとした連絡などに役立ちます。

コミュニケーション機能で利用できる連絡方法

名称	機能の概要
コール	音声通話を行う機能です。Echo ShowやAlexaアプリでは、ビデオ通話も可能です。最大7人で同時に話せるグループ通話にも対応しています。主に別のアカウントとの間で使いますが、同一アカウント間でも通話できます
呼びかけ	別室にいる家族などに、すばやく連絡できる機能です。着信に応答する操作が不要で、すぐに会話を始められます。原則として、同一アカウント間での連絡に使います
アナウンス	同じアカウントを使っているEchoすべてに、音声で一斉に伝言を送る機能です。家族全員に連絡したいことがあるときに便利です。異なるアカウントとの間では使えません。また、返事する機能はありません
メッセージ	音声で記録したメッセージを送信できる機能です。受信したメッセージはAlexaの声で再生でき、テキストで表示することも可能です。同一アカウント間でも、別のアカウントとの間でも使えます

同僚や友達、別居の家族の間では、基本的に「コール」を利用すべきでしょう。家族で住んでいる家の各部屋にEchoが置いてあって、プライバシーの問題がなければ「呼びかけ」が適当です。全員に「夕食ができたよ」「旅行の出発の時間だよ」「もう7時だから起きて」など一斉に話しかけたいときは「アナウンス」が向いています。また、アナウンスは話しかけられる側の音が話しかける側に聞こえないというメリットがあります。外出先から帰宅する前にスマホから「これから帰ります」などと伝えたいなら、「メッセージ」を使うと便利です。

[コミュニケーション機能を使うための設定]

1 電話番号の追加を開始

Alexaアプリで「連絡」タブを開き、「電話番号を追加」をタップします。呼びかけを有効にするかどうかの選択画面が表示されたら、「有効にする」または「後で」をタップします。

2 電話番号を登録する

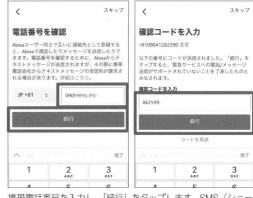

携帯電話番号を入力し、「続行」をタップします。SMS（ショートメッセージ）で確認コード（ワンタイムパスワード）が送られてくるので、入力して「続行」をタップします。

3 連絡先を確認する

「連絡」タブの右上にある「連絡先」アイコンをタップします。通常はスマホの連絡先が自動的に読み込まれますが、表示されない場合や追加したい場合は右上のメニューアイコンをタップします。

4 連絡先を追加・インポートする

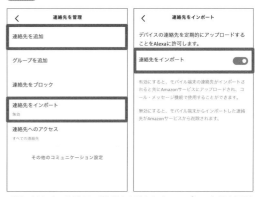

手動で追加する場合は、「連絡先を追加」をタップして名前と電話番号を入力します。「連絡先をインポート」をタップしてオンにすると、スマホの「連絡先」アプリからデータをインポートできます。

ATTENTION
連絡先には必ずフリガナを付ける

Echoで通話などを行うときは、音声で相手の名前を指定します。そのため、名前にフリガナを付けておかないと、Alexaが相手を正しく認識できません。スマホの「連絡先」アプリからインポートした連絡先の場合は、「連絡先」アプリでフリガナを入力しておきましょう。追加後に少し待つと、Alexaアプリの連絡先にも反映されます。また、Alexaアプリで追加した連絡先の場合は、フリガナの設定もAlexaアプリで行います。

POINT
連絡先へのアクセスを許可

連絡先をインポートするには、Alexaアプリに連絡先へのアクセスを許可する必要があります。また、音声通話を行う場合はマイクの、ビデオ通話を行う場合はそれに加えてカメラへのアクセス許可も必要です。

iPhoneなら、「設定」→「Amazon Alexa」をタップして、それぞれの項目をオンにします。

1 Amazon EchoとAlexaの基礎知識

2 Amazon Echoの基本操作

3 Amazon Echoで音楽や動画を楽しもう

4 Amazon Echoの機能をスキルで拡張しよう

5 Amazon Echoで家電を操作しよう

6 Amazon Echoの高度な使い方

7 Amazon Echo&Alexaでテレワークを快適に

コール機能を使って通話してみよう

Echoのコール機能を使う前に、相手が通話可能な状態かどうか確認しておきましょう。相手側がAlexaのコミュニケーション機能を有効にしていて、その電話番号が自分のAlexaアプリに連絡先として登録されていないと、通話することはできません。この条件をクリアしていれば、Echoに「アレクサ、○○（相手の名前）に連絡して」と話しかけるだけで通話が可能です。

[相手が通話可能かどうか確認する]

1 連絡先の画面を開く

Alexaアプリの「連絡」タブで、右上の「連絡先」アイコンをタップします。表示される連絡先から、通話したい相手を選んでタップします。

2 アイコンの表示を確認する

「Alexaコール・メッセージ」のアイコンが表示されているか確認します。相手の状況によってアイコンの数は変わりますが、電話型の「コール」アイコンが表示されていれば通話は可能です。

3 アイコンが表示されていない場合

アイコンがない場合、その人とは通話できません。相手に電話番号を教えてもらって連絡先に追加するか、「○○さんをAlexaコミュニケーションに…」をタップして招待しましょう。

COLUMN ニックネームを設定する

よく連絡する相手の場合、毎回フルネームを指定して通話するのは面倒です。そんなときは、ニックネームを設定しておくと便利です。相手の連絡先を開き、「ニックネームを追加」をタップして、使用したいニックネームを入力しましょう。設定後は「アレクサ、○○（ニックネーム）に連絡して」と話しかければ発信できます。

POINT

一部のデバイスでコールなどを無効にする

複数のEchoを持っている場合、コミュニケーション機能を利用するかどうかは1台ごとに設定できます。たとえば、2台以上のEchoが近くに置いてあり、同時に着信音が鳴るとうるさい場合は、どちらかのデバイスをオフにしておきましょう。ただし、コールをオフにして呼びかけなどはオンにするというような設定はできません。

Alexaアプリの「デバイス」タブで「Echo・Alexa」をタップし、デバイス名を選択します。「コミュニケーション」をタップして、表示される画面で設定をオフにします。

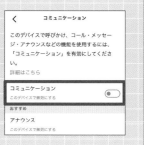

[コール機能で音声通話をする]

1 相手を指定して発信する

アレクサ、
○○（発信先の名前）に
連絡して

○○（発信先の名前）
さんのAlexaデバイスに
発信します

連絡先に登録した名前で相手を指定して発信します。「○○さんですか?」と聞き返された場合は、正しければ「はい」、間違っていれば正しい名前を答えましょう。ライトリングが緑色に点灯して呼び出しが始まります。

2 通話の着信に応答する

○○（発信元の名前）
から着信です

アレクサ、応答して

着信があるとライトリングが緑色に点灯して着信音が鳴り、どこからの着信か音声で教えてくれます。応答するとEchoのマイクとスピーカーを使って通話を行えます。通話を終了するには「アレクサ、終了」と話しかけましょう。

POINT

自宅のEcho同士で通話する

　同じアカウントで複数のEchoを使っている場合、それらのEcho同士で通話することもできます。その場合は「○○（デバイス名）に連絡して」と話しかけましょう。以降の操作は、別のユーザーと通話するときと同様です。なお、自宅内なら呼びかけ機能のほうが便利なこともあるので、状況に合わせて使い分けましょう。

コール機能で使えるコマンド

音声コマンド	動作
「○○に連絡して」 「○○に電話」	指定したユーザーまたはデバイスへ発信する
「応答して」	着信に応答する
「着信を拒否して」	着信を拒否する
「音量を上げて」	通話の音量を上げる
「音量を下げて」	通話の音量を下げる
「切って」 「通話を終了」	通話を終了する

COLUMN メッセージを送信する

　「メッセージ」は、Echoに音声で伝えたメッセージを別のユーザーやデバイスに送信する機能です。メッセージを受信するとEchoの通知音が鳴り、ライトリングが黄色に点灯します。「アレクサ、メッセージを読んで」と話しかければ、Alexaの声で読み上げてくれます。また、Alexaアプリではメッセージの内容をテキストで確認できます。

アレクサ、○○に
メッセージを
送って

メッセージの
内容は
何ですか?

「アレクサ、（送信先の名前）にメッセージを送って」と話しかけ、Echoの応答があったらメッセージ内容を話しかけましょう。最後に送信するかどうかを聞かれるので「はい」と答えればメッセージを送信できます。

1 Amazon EchoとAlexaの基礎知識

2 Amazon Echoの基本操作

3 Amazon Echoで音楽や動画を楽しもう

4 Amazon Echoの機能をスキルで拡張しよう

5 Amazon Echoで家電を操作しよう

6 Amazon Echoの高度な使い方

7 Amazon Echo&Alexaでテレワークを快適に

家族同士の連絡に便利

呼びかけやアナウンスで手軽にコミュニケーション

通話機能よりさらに簡単にコミュニケーションを取れるのが「呼びかけ」機能です。
また、「アナウンス」機能を使えば、家じゅうのEchoにすばやく連絡できます。

別の場所にあるEchoデバイスとすぐに会話できる

「呼びかけ」は、家族間などですばやく連絡したいときに便利な機能です。コール機能と違って、着信側が応答の操作をする必要がないため、すぐに会話を始められます。小さい子どもや高齢者など、Echoを操作するのが難しい相手ともスムーズに連絡できるのがメリットです。

「アナウンス」は、同じAmazonアカウントを登録しているすべてのEchoに一斉に話しかける機能です。たとえば、家族全員に「ごはんができたよ」と伝えたいときなどに便利です。

● 「呼びかけ」なら応答の操作が不要

通話機能とは異なり、着信側で応答の操作が不要なので、すぐに会話を始められます。インターホンのような感覚で使えるので、離れた部屋にいる家族に声をかけたいときなどに便利です。

● 画面付きなら見守りにも使える

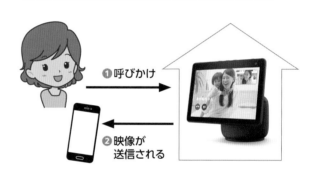

Echo Showに呼びかけると、音声だけでなくお互いの映像も見ることができます。外出先からスマホのAlexaアプリで呼びかけて、留守番中の子どもの様子を見るといったことも可能です。

[呼びかけ機能を有効にする]

● 呼びかけを許可する

Alexaアプリで連絡先画面を開き、最上部にある自分の名前をタップします。

「呼びかけを許可」をオンにします。確認メッセージが表示された場合は「OK」をタップしましょう。これで、同じアカウントを使っているEcho同士での呼びかけが可能になります。

POINT

呼びかけとアナウンスを別々に設定する

呼びかけは相手の許可なしに音声と映像を取得する機能です。プライバシーが気になるなら、呼びかけをオフにして、アナウンスのみオンにしましょう。

Alexaアプリの「デバイス」タブから設定したいデバイス→「コミュニケーション」をタップし、設定を変更しましょう。

［ 呼びかけ機能を使って会話する ］

● デバイス名を指定して呼びかける

> アレクサ、
> （デバイス名）に
> 呼びかけ

> ピポッ
> （呼びかけ先の
> Echoと接続）

相手のEchoデバイス名を指定して呼びかけるとライトリングが緑色に点灯してサウンドが鳴り、呼びかけ先Echoと接続されます。

POINT

デバイス名を変更して呼びかけやすくする

　同じアカウントを使用しているEchoに呼びかけるときは、相手のデバイス名を指定します。初期状態では「○○（ユーザー名）のEcho」のようなデバイス名になっていますが、これでは長くて呼びかけにくいので、短くてわかりやすい名前に変更しておくと便利です。名前の変更は、Alexaアプリの「デバイス」タブから行います（詳しくは37ページ参照）。

［ アナウンス機能を利用する ］

1 アナウンスの内容を伝える

> アレクサ、
> 「ごはんができたよ」を
> アナウンスして

> アナウンス
> しています

Echoに「アレクサ、○○をアナウンスして」と話しかけます。または、「アレクサ、アナウンスして」と話しかけてから内容を伝えることもできます。

2 アナウンスが再生される

> ごはんができたよ

同じアカウントを使っているすべてのEchoでサウンドが鳴り、アナウンスが再生されます。Alexaの声ではなく、ユーザーの声がそのまま録音・再生されるしくみです。

COLUMN 別のアカウントからの呼びかけを許可する

　「呼びかけ」は主に家族間で使うことを想定した機能ですが、異なるアカウントとの間で使用することもできます。その場合は、受信する側が相手からの呼びかけを許可するように設定しておく必要があります。

　ただし、呼びかけは相手の了解なしに突然話しかける機能で、画面付きデバイスなら映像も数秒間のぼかしののちに表示されるため、家族以外との間はもちろん、家族との間でもプライバシーの問題が生じます。受信の許可は相手や設置場所を事前に検討するべきでしょう。

Alexaアプリで相手の連絡先を開き、「呼びかけを許可」をオンにします。これで、相手からの呼びかけを受信できるようになります。

1 Amazon EchoとAlexaの基礎知識

2 Amazon Echoの基本操作

3 Amazon Echoで音楽や動画を楽しもう

4 Amazon Echoの機能をスキルで拡張しよう

5 Amazon Echoで家電を操作しよう

6 Amazon Echoの高度な使い方

7 Amazon Echo&Alexaでテレワークを快適に

遠くの相手と顔を見ながら会話できる

Echo Showで
ビデオ通話を利用する

リモートでのコミュニケーション手段として、ビデオ通話を利用する機会が増えています。
Echo Showなら、簡単な操作で手軽にビデオ通話を楽しめます。

Echo Show同士なら手軽にビデオ通話が可能

ビデオ通話を行うためのツールはいろいろありますが、Echo Showのコール機能によるビデオ通話は操作の手軽さが魅力です。事前に相手を連絡先に登録しておけば、音声で簡単に発信できます。通話の方法は音声通話の場合とほぼ同じで、自分と相手の両方がEcho Showなどの画面付きデバイスを使っていれば、自動的にビデオ通話になります。

Echo Show 10でモーション機能がオンになって

いる場合、ビデオ通話中にユーザーが動くと、カメラが自動的に追尾します。もしカメラを固定したいなら、通話中の画面で「追いかけオフ」をタップしてオフにしましょう。

また、スマホのAlexaアプリでビデオ通話を行うこともできます。そのため、相手がEcho Showを持っていない場合や、外出先から自宅に連絡する場合などもビデオ通話が可能です。

[音声操作でビデオ通話を開始する]

1 ビデオ通話を発信する

アレクサ、
○○（相手の名前）に通話

○○（相手の名前）の
Alexaデバイスに
発信します

Echo Showに「アレクサ、○○（相手の名前）に通話」と話しかけます。

2 発信が開始される

発信中はこのような画面が表示され、自分の映像と相手の名前を確認できます。

2 相手と通話する

相手が応答すればビデオ通話を開始できます。画面をタップすると、通話の終了やカメラのオン／オフ、マイクのミュートを行うためのアイコンが表示されます。

POINT

着信に応答するには

着信時は、応答するか拒否するかをAlexaに音声で伝えます。また、画面を使って操作することもできます。

着信時の画面で「応答」または「拒否」をタップします。

[画面操作でビデオ通話を開始する]

1 「コミュニケーション」を開く

画面の右端を左へスワイプし、表示されるメニューで「コミュニケーション」をタップします。

2 「コール」を選択する

機能の一覧が表示されるので、「コール」をタップします。なお、「連絡先を表示」から相手を選んで発信することもできます。

3 相手を選んで発信する

デバイスまたは連絡先の一覧から相手を選んでタップします。すぐにビデオ通話の発信が開始され、相手が応答すれば通話を開始できます。

> **COLUMN** Echo Showでも音声通話はできる?
>
> Echo Showを使っていても、顔を見せずに音声だけで話したいこともあるでしょう。そんなときは、本体のカメラカバーを使ってカメラをオフにするか、発信中の画面で「カメラオフ」をタップしましょう。なお、相手が画面なしのEchoを使っている場合は、自動的に音声通話になります。

[スマホのAlexaアプリでビデオ通話を行う]

1 「コール」から相手を選択

Alexaアプリで「連絡」タブを開き、「コール」をタップします。デバイスまたは連絡先の一覧から、通話したい相手を選んでタップします。

2 オプションを選んで発信する

表示されるメニューで「Alexaビデオ通話」をタップします。発信が開始され、相手が応答すればビデオ通話を開始できます。

グループを作ってみんなで話そう

グループで音声通話や
ビデオ通話を行う

Echoでは1対1の通話だけでなく、複数のメンバーでグループ通話を行うことも可能です。
ここでは、グループの作成や通話の方法を説明します。

最大7人のメンバーが同時に通話できる

従来、Echoでは1対1の通話しかできませんでしたが、2021年4月のアップデートにより、最大7人のグループ通話に対応しました。Echo Showなら、グループでのビデオ通話も可能です。

この機能を利用するには、あらかじめグループを作成しておく必要があります。作成したグループは「連絡先」に追加され、グループ名を指定するだけで簡単に通話を開始できます。

なお、グループで使える機能はコールのみで、呼び出しやメッセージには対応していません。また、スマホのAlexaアプリでグループ通話を行うことはできません。

[グループを新規作成する]

1 連絡先の画面を開く

Alexaアプリの「連絡」タブを開き、画面右上の「連絡先」アイコンをタップします。

2 グループの作成を開始

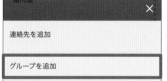

「連絡先」画面で「新規」をタップし、表示されるメニューで「グループを追加」をタップします。

3 拡張機能を有効にする

グループ通話

グループ通話をするには、Amazonクラウドでオーディオとビデオの拡張機能を有効にする必要があります。拡張機能を有効にしますか？
詳細はこちら

スキップ　　有効にする

グループ通話を利用するには、拡張機能を有効にする必要があります。はじめてグループを作成するときは、このような画面が表示されるので、「有効にする」をタップします。

4 メンバーを追加する

メンバーの候補が表示されるので、グループに追加したい人にチェックを付け、「次へ」をタップします。

5 グループ名を指定する

グループ名を指定

グループ通話を、Alexaにリクエストする際に使います。このグループ名はメンバー全員に通知されます。

「アレクサ、みんなに連絡して」

グループ名
サークル仲間

グループ名のフリガナ
サークルナカマ

グループを作成

グループ名とフリガナを入力します。この名前はグループのメンバーにも通知されるので注意しましょう。「グループを作成」をタップすれば完了です。

POINT
グループに招待された場合

別のユーザーからグループに追加されたときは、Alexaからメッセージで通知が届きます。また、「連絡先」にグループが自動的に追加されます。なお、グループを利用するには、Alexaアプリの「その他」タブで「設定」→「コミュニケーション」→「拡張機能」を有効にする必要があります。

拡張機能

Alexaコミュニケーションのグループ通話などの拡張機能が使えるようになります。

グループ通話、その他将来追加される拡張機能では、通話内容がAmazonのクラウドで拡張機能が適用されるよう、複合化され、処理されます。そして、再び暗号化されてから相手側に送信されます。通話の内容がクラウドで保存されることはありません。詳細はこちら

有効 ⬤

[グループで音声通話を行う]

1 グループ通話を発信する

アレクサ、○○（グループ名）に連絡して

○○（自分の名前）から○○グループに発信します

グループ通話を開始するには、Echoに「○○（グループ名）に連絡して」と話しかけます。すぐに発信が行われます。

2 通話を開始する

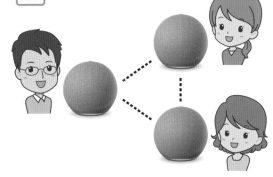

ほかのメンバーが応答すると、グループ通話を開始できます。通話中の操作は、通常の通話と同じです。全員が終話の操作を行うと、通話が終了します。

[グループでビデオ通話を行う]

1 Echo Showから発信する

アレクサ、○○（グループ名）に連絡して

通話　　　　　　　　　ダイヤラー
連絡先
サークル仲間
グループ
山本杏子
佐藤弥生
緒川朔実

Echo Showに「○○（グループ名）に連絡して」と話しかけます。または、画面の右端を左へスワイプし、「コミュニケーション」→「コール」からグループ名をタップして発信することもできます。

2 ビデオ通話が開始される

アレクサ、応答して

ほかのメンバーがEcho Showで応答すれば、ビデオ通話を開始できます。なお、グループ内でEcho Showと画面なしのEchoが混在している場合、一部のメンバーの映像だけが表示されます。

外出先から室内の様子を確認できる

監視カメラや見守りカメラ として活用する

Echo Showのカメラに外出先からアクセスすれば、自宅の様子を簡単に確認できます。
Echo Show 10なら、カメラの回転や拡大／縮小なども可能です。

スマホからEcho Showに接続して映像を見る

Echo Showには、「ライブビュー」という機能が搭載されています。スマホのAlexaアプリからアクセスし、内蔵カメラの映像をリアルタイムで見ることができます。Echo Show 10なら、リモート操作でカメラを回転させたり、見たい部分を拡大したりすることも可能です。自宅にいる子どもやペットの様子を確認したいときなどに便利です。

ライブビュー機能を利用するには、Echo Show本体の「設定」→「カメラ」で「自宅のモニタリング」をオンにしておく必要があります。また、Echo Show 10でカメラを回転させたい場合はモーション機能もオンにしておきましょう。

[Echo Showのライブビュー機能を使う]

1 アプリからカメラにアクセス

Alexaアプリの「デバイス」タブで「カメラ」をタップします。ライブビュー機能が有効になっていれば、Echo Showの名前が表示されるので、タップしましょう。

2 映像が表示される

ライブビューの画面に切り替わり、カメラの映像が表示されます。「スピーカー」をタップしてオンにすれば、音声も聞き取れます。「マイク」をオンにして話しかけることも可能です。

3 回転や拡大／縮小も可能

スマホを横向きにすると、より高画質な映像が表示されます。Echo Show 10の場合は、画面を左右にスワイプすれば、カメラを回転させて周囲を見回すことができます。また、すべてのEcho Showでピンチアウト／ピンチインで拡大／縮小が可能です。

POINT

呼びかけ機能で映像を見る

Echo Show 8/5の旧モデル（第1世代）にはライブビュー機能はありませんが、Alexaアプリから呼びかけ機能を使えば、自宅の映像を確認できます。

「連絡」タブで「呼びかけ」をタップしてEcho Showを選択します。

機能をカスタマイズしてもっと便利に！

Amazon Echoをもっと使いやすいように設定する

Echoは、状況や好みに合わせて設定を変更することで、さらに使いやすくなります。
ここでは、覚えておくと便利な設定やカスタマイズの方法を紹介します。

1 Amazon EchoとAlexaの基礎知識

2 Amazon Echoの基本操作

3 Amazon Echoで音楽や動画を楽しもう

4 Amazon Echoの機能をスキルで拡張しよう

5 Amazon Echoで家電を操作しよう

6 Amazon Echoの高度な使い方

7 Amazon Echo&Alexaでテレワークを快適に

状況に合わせてさまざまなモードを利用する

Echoでは、通常は1つの言語しか使えませんが、「マルチリンガルモード」を有効にすると、日本語と英語など複数の言語でやりとりが可能になります。また、夜間に最適な「おやすみモード」や「ささや

き声モード」、連続で話しかけるときに便利な「会話継続モード」も、ぜひ試してみましょう。
これらのモードはAlexaアプリでも設定できますが、音声コマンドで設定すると簡単です。

[音声で操作してモードを切り替える]

1 マルチリンガルモードにする

アレクサ、日本語と英語で話して

このように言語を指定してマルチリンガルモードにすると、英語で話しかけたときはAlexaも英語で答えてくれます。ただし、カタカナ風の発音だと英語として認識されません。

2 会話継続モードにする

アレクサ、会話継続モードにして

会話継続モードをオンにすると、いちいち「アレクサ」と付けなくても、ライトが青色に点灯している間はウェイクワードなしで話しかけることができます。

3 おやすみモードにする

アレクサ、おやすみモードにして

おやすみモードにすると、アラームやタイマー以外の通知がすべてオフになります。深夜など静かにすごしたいときに最適です。

4 ささやき声モードにする

アレクサ、ささやきスタート

ささやき声モードは、Alexaの声が大きすぎて困るときに便利です。ささやくように話しかけると、Alexaも小声で答えます。

POINT
定刻におやすみモードにする

　毎日決まった時間に、おやすみモードを自動でオンにすることもできます。Alexaアプリの「デバイス」→「Echo・Alexa」からデバイスを選択し、「おやすみモード」の「定刻」をオンにして、時刻を指定しましょう。

COLUMN　スリープタイマーを使う

　おやすみモードにした場合でも、音楽などの再生が停止するわけではありません。自動的に再生を止めたいときは、スリープタイマーを使いましょう。「アレクサ、スリープタイマー30分」などと話しかければOKです。

家族でEchoをうまく共用できるようにする

Echoは、1台に複数のアカウントを登録することはできません。そのため、家族でEchoを共用する場合は、アカウントも共用することになります。しかし、1つのアカウントにユーザー別のプロフィールを設定し、それぞれの音声プロフィールを作成して

おけば、Alexaが声によってユーザーを識別できるようになります。これによって、各自の好みに合わせて音楽を再生するなど、話しかけたユーザーごとに適切な反応が返ってきます。プロフィールの設定は、下記の手順で行いましょう。

[別のユーザーのプロフィールを追加する]

1 プロフィールの作成を開始

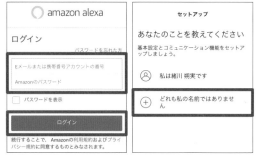

追加したいユーザーのスマホにAlexaアプリをインストールして起動し、Echoに設定しているアカウントを入力してログインします。「あなたのことを教えてください」と表示されたら、「どれも私の名前ではありません」をタップします。

2 名前と電話番号を登録する

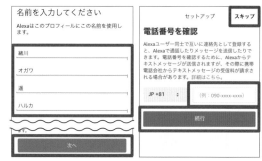

名前とフリガナを入力して「次へ」をタップします。次に、電話番号を入力して認証を行います。なお、電話番号の追加が不要な場合や、あとで設定したい場合は「スキップ」をタップします。

3 音声プロフィールを作成する

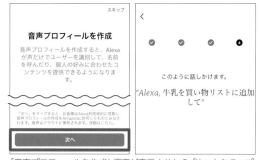

「音声プロフィールを作成」画面が表示されたら「次へ」をタップし、画面の指示にしたがって音声を登録します。これでプロフィールの作成は完了です。

ATTENTION
1台のスマホで設定する場合

すでにAlexaアプリを使っているスマホで新しいプロフィールを作成するには、「その他」タブで「設定」を開き、画面の最下部にある「サインアウト」をタップします。するとログイン画面が表示されるので、上記と同様の手順で設定を行います。

POINT
音声プロフィールをあとから設定するには

音声プロフィールは、通常はアカウントの登録時やプロフィールの作成時に設定しますが、スキップした場合はあとから作成することも可能です。また、作成済みの音声プロフィールを削除して再設定することもできます。Echoがうまく反応しない場合は、設定し直してみるとよいでしょう。

「その他」タブで「設定」→「マイプロフィール」→「音声」をタップします。音声プロフィールが未設定の場合は、作成画面が表示されます。設定済みの場合は「音声プロフィールを削除」をタップすると、いったん削除して再設定できます。

ほかにもある覚えておくと便利な設定

Echoに話しかけるときのウェイクワードは、初期状態では「アレクサ」ですが、「アマゾン」や「コンピューター」「エコー」に変更することも可能です。また、Echoのデバイス名は「(ユーザー名)のEcho」となっていますが、好きな名前に変更できます。家の中に複数のEchoがある場合は、設置場所をもとに「リビング」などの名前を付けておくとわかりやすいでしょう。

Echoには Amazon でショッピングできる機能がありますが、子どもが勝手に買い物すると困る場合は、注文時の認証を有効にしておきましょう。前ページで説明した方法で音声プロフィールを作成してあれば、声でユーザーを識別して、買い物を許可するかどうかを選択できます。

ウェイクワードを変更する

「デバイス」タブの「Echo・Alexa」をタップしてEchoを選択し、「ウェイクワード」をタップして、使用したいものにチェックを付けます。設定が有効になるまで、数分かかる場合があります。

デバイス名を変更する

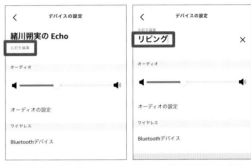

「デバイス」タブの「Echo・Alexa」をタップして設定したいEchoを選択し、「名前を編集」をタップします。表示される画面で新しい名前を入力します。

通知のオン／オフを設定する

Echoに届く通知が多すぎてわずらわしい場合は、不要なものをオフにしましょう。「その他」タブの「設定」→「通知」をタップし、目的の項目をタップして設定を変更します。

子どもが勝手に買い物するのを防ぐ

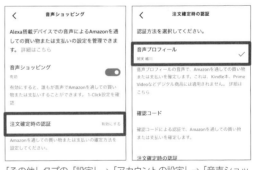

「その他」タブの「設定」→「アカウントの設定」→「音声ショッピング」→「注文確定時の認証」をタップします。「音声プロフィール」を選択し、買い物を許可するユーザーだけをオンにします。

COLUMN 近くにあるEchoから遠くのEchoを操作する

家の中に複数のEchoがある場合、「リビングにある音質のいいEchoで音楽を再生したい」というように、離れた場所のEchoを操作したいこともあるでしょう。そんなときは、近くのEchoに「アレクサ、(デバイス名)で音楽をかけて」などと話しかければ、指定したEchoで再生できます。

別室の
Echo

アレクサ、
「リビング」で
音楽をかけて

10:10

近くのEcho

このようにデバイス名を指定すれば、遠くのEchoを操作できます。

Echoを便利に使うためにぜひマスターしよう

定型アクションで
複数の機能をまとめて実行する

Echoでよく使う機能を簡単に実行したいときに便利なのが「定型アクション」です。
工夫次第でいろいろな使い方ができるので、ぜひマスターしておきましょう。

1つの条件で複数のアクションを実行できる

朝起きたときや、仕事から帰ったときなど、いつも同じパターンで行動する人は多いでしょう。たとえば「朝は天気予報とニュースを聞いて、その日の予定を確認する」という場合、いちいちEchoに「今日の天気は？」「今日の予定は？」などと話しかける

のは面倒です。そこで役立つのが定型アクションです。条件を設定し、それに対するアクションを登録しておくと、1つのフレーズを話しかけるだけで複数の操作を実行できます。フレーズ以外に、時刻などを条件にすることも可能です。

[定型アクションを作成してみよう]

1 定型アクションを新規作成する

Alexaアプリを起動し、画面右下の「その他」→「定型アクション」をタップします。定型アクションの画面が表示されたら、右上の「＋」をタップします。

2 定型アクションの名前を設定する

「定型アクション名を入力」をタップし、名前を入力します。最大50文字まで入力できるので、識別しやすい名前にしましょう。入力できたら「次へ」をタップします。

3 実行条件を選択する

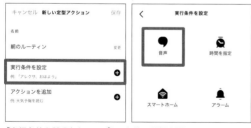

「実行条件を設定」をタップし、条件の種類を選択します。フレーズを話しかけて実行したい場合は「音声」を選択します。

4 開始フレーズを設定する

アクションを実行するためのフレーズを入力し、「次へ」をタップします。なお、「表示／編集」をタップすると、入力したフレーズを変更できます。

ATTENTION
開始フレーズは重複しないように注意

開始フレーズには文字数の制限はありませんが、あまり長いと発話しづらいので、短めにしておきましょう。また、開始フレーズは別の定型アクション

と重複しないように注意が必要です。完全に同じではなくても、似たフレーズを設定すると、Alexaが誤認識して正常に動作しないことがあります。

5 アクションの設定を開始する

次に、「アクションを追加」をタップし、実行したいアクションの種類を選びます。Alexaに何か話してほしい場合は「Alexaのおしゃべり」を選択します。

6 「カスタム」で文章を入力

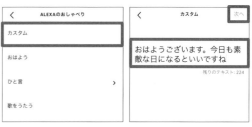

メッセージは一覧から選ぶこともできますが、自由に設定したい場合は「カスタム」を選択して内容を入力します。「次へ」をタップし、さらに確認画面で「次へ」をタップします。

7 さらにアクションを追加する

「アクションを追加」をタップし、2つめ以降のアクションを設定します。予定の確認は「カレンダー」、天気予報は「天気」をタップして追加しましょう。

8 使用するデバイスを選択

「デバイスを選択」をタップし、定型アクションを実行するデバイスを指定します。「リクエストに使用するデバイス」を選べば、すべてのEchoで実行できます。

9 定型アクションを保存する

すべての設定が完了したら、右上の「保存」をタップします。なお、定型アクションが使用可能になるまでに1分程度かかる場合があります。

POINT

定型アクションを編集する

作成した定型アクションは、「マイ定型アクション」の一覧に表示されます。ここで定型アクション名をタップすると、有効／無効の切り替えや内容の編集、削除が可能です。

[作成した定型アクションを使ってみよう]

1 開始フレーズでアクションを実行

アレクサ、おはよう

おはようございます。
今日も素敵な日になると
いいですね

設定した開始フレーズをEchoに話しかけると、1つめのアクションが実行されます。

2 次のアクションが実行される

今日は予定が
○件あります。
○時に……

今日の天気は……

続いて、2つめ以降のアクションが自動的に実行されます。この例では、今日の予定と天気予報を読み上げてくれます。

右側縦書きインデックス：
1 Amazon EchoとAlexaの基礎知識
2 Amazon Echoの基本操作
3 Amazon Echoで音楽や動画を楽しもう
4 Amazon Echoの機能をスキルで拡張しよう
5 Amazon Echoで家電を操作しよう
6 Amazon Echoの高度な使い方
7 Amazon Echo&Alexaでテレワークを快適に

Echo以外のデバイスでもAlexaが使える

Amazon Echo以外で Alexaの機能を使う

Alexaを利用できるのは、Echoだけではありません。Fire HDやFire TVなどの
Amazon製品や、スマホ、パソコンでもAlexaの機能を使えます。

スマホのアプリでAlexaの機能を使う

Echoを使っているとどんどん身近な存在になっていくのがAlexaです。そのため、近くにEchoがない場合でもAlexaを使いたいと思う人もいるでしょう。そんなときは、Alexa対応端末やアプリを使うのがおすすめです。

スマホの場合、Alexaアプリを起動していればいつでもAlexaを呼び出すことができます。また、「Alexaハンズフリー」を有効にしておけば、Echoと同じように「アレクサ」と呼びかけて、さまざまな機能を利用できます。

[AlexaアプリでAlexaを呼び出す]

1 Alexaを呼び出す

スマホのAlexaアプリを開き、「ホーム」タブの「Alexa」アイコンをタップします。初回利用時はマイクと位置情報へのアクセス許可を求められるので、「オンにする」をタップします。

2 Alexaに話しかける

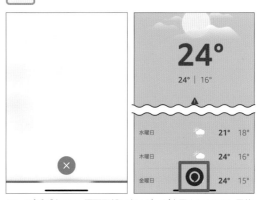

Alexaが呼び出され、画面下部に青いバーが表示されるので、用件を話しかけます。質問の内容によっては、音声に加えて画面にも応答が表示されます。続けて話しかけたい場合は、画面下部の「Alexa」アイコンをタップします。

[Alexaハンズフリーを有効にする]

1 設定画面を開く

Alexaアプリの「その他」タブ→「設定」→「Alexaアプリの設定」をタップします。

2 ハンズフリーをオンにする

> デバイスの設定
>
> これらの設定はAlexaアプリにのみ適用されます。
>
> ハンズフリー
>
> アプリが開いている時、「アレクサ」と言うだけでAlexaに話しかけることができます。
>
> Alexaハンズフリーを有効にする　◯
>
> 言語
>
> 日本語
> 日本

「デバイスの設定」画面が表示されるので、「Alexaハンズフリーを有効にする」をオンにします。Alexaアプリが開いている状態なら「アレクサ」と呼びかけて操作ができるようになります。

FireタブレットでAlexaを利用する

Amazonが販売する「Fire」シリーズのタブレットは、Alexaの機能を搭載しています。スマホと同様にAlexaアプリを使えるほか、ハンズフリー機能をオンにしておけば、声をかけるだけで簡単にAlexaを呼び出せます。また、「Showモード」を利用して、Echo Showと同じような感覚で使うことも可能で

す。ただし、Echo Showとは異なり、ブラウザーやNetflixなどの機能（54ページ参照）はShowモードでは利用できません。また、Showモードに対応しているのはFire HD 10（第7世代以降）とFire HD 8（第8世代以降）のみで、古いモデルやFire 7では利用できません。

[Alexaを呼び出して操作する]

1 ボタン操作で呼び出す

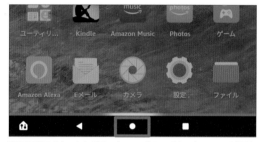

画面下部の「ホーム」ボタンをロングタッチすると、Alexaが起動し、青いインジケーターが表示されます。この状態で話しかければ、Alexaの機能を利用できます。

2 ハンズフリー機能を使う

画面の上端を下へスワイプしてクイック設定パネルを表示し、「Alexaハンズフリー」をタップしてオンにします。この状態なら、「アレクサ」と呼びかけるだけですぐに使用できます。

[ShowモードでEcho Showのように使う]

1 Showモードをオンにする

画面の上端を下へスワイプしてクイック設定パネルを開き、「Showモード」をオンにします。なお、Showモード非対応の機種では、この項目が表示されません。

2 いつでもAlexaを利用できる

Showモードに切り替わり、Echo Showに似たホーム画面が表示されます。「アレクサ」と声をかければ、すぐにAlexaの機能を利用できます。

COLUMN 連携するデバイスの操作も可能

FireタブレットのAlexaアプリでは、スマホ版のアプリと同じように、アカウント全体の設定やほかのEchoデバイスの設定を行うこともできます。また、「デバイスダッシュボード」を利用すれば、連携するスマートホームデバイスの追加や管理が可能です。

画面左下の「デバイス」ボタンをタップすると「デバイスダッシュボード」が表示されます。

側注（縦書き、右）：

1 Amazon EchoとAlexaの基礎知識

2 Amazon Echoの基本操作

3 Amazon Echoで音楽や動画を楽しもう

4 Amazon Echoの機能をスキルで拡張しよう

5 Amazon Echoで家電を操作しよう

6 Amazon Echoの高度な使い方

7 Amazon Echoで/Alexaでテレワークを快適に

Fire TV Stick／CubeでAlexaを使う

Fire TV Stick／Cubeは、テレビでPrime Videoなどの動画配信サービスを楽しむための機器です。リモコンが付属しており、たいていの操作はリモコンだけで可能ですが、文字入力は面倒です。

そこで利用したいのが、リモコンのマイク機能で

す。リモコンに話しかけると、Fire TV Stick／Cubeに内蔵されたAlexaで聞き取って、正しく判別できます。また、特定のEchoと連携すれば、そのEchoに話しかけて動画を再生可能です。なお、CubeはEcho機能を内蔵するので連携は不要です。

［ リモコンでAlexaを呼び出す ］

1 Alexaを呼び出す

Fire TV Stick／Cubeのリモコンのマイクボタンまたは音声認識ボタンを長押しします。なお、マイクボタンが付いていない旧世代のFire TV Stick付属リモコンではAlexaを呼び出すことができません。

2 Alexaに話しかける

リモコンのマイクボタンを押している間、画面下部に青いバーが表示され、リモコンのマイクへ話しかけることができます。話し終えたら、マイクボタンを離します。

［ Amazon EchoとFire TV Stickを連携させる ］

1 連携するサービスを選択する

Alexaアプリで「その他」タブ→「設定」を開きます。「TV・ビデオ」をタップし、「Fire TV」の「＋」アイコンをタップします。

2 連携するFire TV Stickを選択する

次の画面が表示されたら、「Alexaデバイスをリンク」をタップします。Echoと連携させるFire TV Stickを選択し、「次へ」をタップします。

3 連携するEchoを選択する

次の画面が表示されたら、Fire TV Stickと連携させるEchoを選択し、「デバイスを接続」をタップします。「接続済みデバイス」の一覧にFire TV Stick名が表示されたら設定完了です。

ATTENTION
利用できるコマンド

Fire TV Stick／CubeにYouTubeやNetflixなどのアプリをインストールすると、それらの動画配信サービスも利用できるようになります。これらのアプリを開くには「（アプリ名）を開いて」と話しかけます。

動画配信サービスで利用できるコマンドは、53ページで紹介したものが使えます。ただし、作品の検索、早送りや巻き戻しといった一部のコマンドは、利用できない場合があります。

パソコンでAlexaを利用する

　AlexaにはWindows 10用のアプリも用意されています。パソコンで作業しているときに、ちょっとした調べ物や音楽再生などがハンズフリーでできるので便利です。Microsoft Storeから無料で入手できるので、ぜひ試してみましょう。

　なお、スマホ版のAlexaアプリとは異なり、Windows版ではアカウント全体にかかわるような設定や、定型アクションの作成、スキルの追加などはできません。そのため、スマホ版アプリの代用として使えるわけではないので注意しましょう。

[Windows版のAlexaアプリを使ってみる]

1 Alexaアプリをインストール

Microsoft Storeで「Amazon Alexa」を検索し、「入手」をクリックしてインストールします。起動したら「開始する」をクリックし、Amazonのアカウントでサインインしましょう。

2 Alexaに話しかける

画面左上のアイコンをクリックしてAlexaを呼び出し、用件を話しかけましょう。また、 Ctrl + Shift + A キーを押して呼び出すこともできます。

3 画面でも答えを確認できる

Alexaに質問した場合、内容によっては音声だけでなく画面でも答えを教えてくれます。言葉の意味をたずねたときなど、文字で確認できるので便利です。

4 音楽や通話などの機能も使える

画面左のメニューで項目を選択して、各種機能を利用できます。「音楽」のほか、「スマートホーム」でデバイスの設定、「コミュニケーションする」で通話も可能です。

[ウェイクワードなどの設定を行う]

1 アイコンでモードを切り替える

画面右上の「ウェイクワード」アイコンをクリックしてオンにすると、「アレクサ」と話しかけるだけで音声コマンドを使えます。左のアイコンでは、おやすみモードの設定が可能です。

2 動作方法を詳細に設定する

詳細な設定を行うには、画面左のメニューで「設定」をクリックします。たとえば「ロック中に応答する」をオンにすると、パソコンがロック中でもウェイクワードでAlexaを起動できます。

1 Amazon EchoとAlexaの基礎知識

2 Amazon Echoの基本操作

3 Amazon Echoで音楽や動画を楽しもう

4 Amazon Echoの機能をスキルで拡張しよう

5 Amazon Echoで家電を操作しよう

6 Amazon Echoの高度な使い方

7 Amazon Echo&Alexaでテレワークを快適に

Amazon Echoに うまく質問するためのコツ

Echoに質問して何かを調べようとしたとき、的外れな答えが返ってきてガッカリすることがあります。もっと的確に応答してもらうには、どうすればいいのでしょうか。

Alexaが理解しやすいように発言を工夫しよう

Alexaは自然な音声でユーザーとやりとりできるため、人間同士で対話するような応答を期待しがちですが、残念ながらユーザーの発言を理解できないこともあります。知りたいことを質問しても、的外れな答えが返ってくることは多いものです。

対処方法として、Alexaが理解しやすいように質問の仕方を工夫してみましょう。何度もやりとりしているうちに、コツがつかめてくるはずです。また、

正しく応答されなかった場合はフィードバックを送信すると、機能の改善に役立てられます。

Echoが最初に登場したころに比べると、Alexaの機能は向上しており、音声認識の精度も高くなっています。将来的にはさらに使いやすくなるはずなので、今後の進歩に期待するしかありません。

なお、本書の付録にAlexaへの質問と応答の例を掲載しているので、参考にしてください。

● 期待した答えが返ってこない例

アレクサ、おすすめの映画を教えて

指定の操作をするためのビデオスキルが有効になっていません（説明が続く）

映画館で上映中の作品を調べたいとき、「おすすめの映画を教えて」とたずねると、AlexaはPrime Videoのおすすめ作品を聞かれたと誤解してしまいます。画面のないEchoの場合は、エラーメッセージが返ってきます。

● 質問の仕方を変えてみる

アレクサ、上映中の映画を教えて

今日、○○市周辺で上映される映画は次のとおりです（映画の紹介が続く）

このように言い換えると、Alexaがユーザーの聞きたいことを理解して、適切に応答します。この例では、現在地周辺で上映中の作品をピックアップして教えてくれます。

● フィードバックを送信する

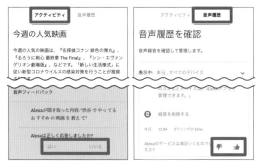

Alexaアプリの「その他」タブ→「アクティビティ」を開き、「続きを表示」から評価を送信すると、改善に役立てられます。発言内容によっては「音声履歴」タブに表示される場合もあります。

POINT

聞き取りに問題がある場合

ここで説明したものとは別に、ユーザーの発言をうまく聞き取れなかったことが原因で、正確に応答できない場合もあります。これを防ぐには、以下のような点に注意しましょう。

- できるだけEchoの近くで話す
- 明瞭な発音で歯切れよく話す
- 発言はできるだけ短く簡潔に
- 音声プロフィールを設定しておく（36ページ参照）

CHAPTER 3

Amazon Echoで
音楽や動画を楽しもう

Amazon Echoを購入したら、まず試してみたいのが音楽再生です。
Amazon Musicなどの音楽配信サービスを契約していれば、好きな音楽
が好きなだけ聴けます。アーティスト名やアルバム名を指定して再生で
きるだけでなく、そのときの気分にあった音楽をEchoに選んでもらっ
て聴くことも可能です。また、画面付きモデルなら、動画再生も利用し
てみたい機能の1つです。プライム会員（6ページ参照）になっていれば、
追加料金ナシでPrime Videoのたくさんの映画やドラマを楽しめます。
さらに、Netflixなどの定額動画配信サービスにも対応しています。

話しかけるだけで音楽が楽しめる！

Amazon Echoで音楽を再生してみよう

Amazon Echoは、Amazon Musicをはじめ、さまざまな音楽配信サービスとの
連携が可能です。話しかけるだけの簡単操作で、多彩な楽曲を楽しめます。

聴き放題の音楽サービスでいつでも好きな曲を楽しむ

Amazon Echoは多数の音楽配信サービスに対応しており、音声で指示するだけで手軽に音楽を再生できます。利用できるサービスは、下の表で示すような種類があります。このうち、「Amazon Music Unlimited」と「Amazon Music Prime」は、曲数や

料金は異なりますが、機能や使い方は同じです。本書では、この2つをまとめて「Amazon Music」として扱います。Amazon Music以外のサービスを利用したい場合は、スキルを有効にしてアカウントのリンクを設定する必要があります。

[Amazon Echoで利用できる音楽サービス]

サービス名	提供元	配信曲数	料金(税込)	無料試用期間
Amazon Music Unlimited	Amazon	約7000万曲以上	月額980円(Amazonプライム会員は月額780円、Echoプランは月額380円)	30日間
Amazon Music Prime	Amazon	約200万曲	Amazonプライムの会費に含まれる (月額500円または年額4900円)	30日間
Spotify	Spotify	約5000万曲以上	月額980円(無料プランあり)	3カ月
Apple Music	Apple	約6000万曲以上	月額980円	3カ月
AWA	AWA	約7000万曲以上	月額980円(無料プランあり)	30日間
うたパス	KDDI	約500万曲	月額540円(Myうたプラス)、月額324円(ベーシック)	30日間
dヒッツ	NTTドコモ	約550万曲	月額540円	31日間

※Amazon Musicには無料プランもあります（機能制限あり）。また、家族向けや学生向けのお得なプランもあります。

[Amazon以外の音楽サービスを設定する]

1 各サービスのスキルを有効にする

Alexaアプリで「再生」タブを開き、「新しいサービスをリンク」の一覧から利用するサービスをタップします。スキルの画面が表示されるので、「有効にして使用する」をタップします。

2 アカウントをリンクする

画面の指示にしたがってサインインし、アクセスを許可します。具体的な手順はサービスごとに異なります。「アカウントが正常にリンクされました」と表示されれば完了です。

Echoで音楽を再生する方法を覚えよう

　利用する音楽配信サービスを設定できたら、さっそくAmazon Echoに話しかけて音楽を再生してみましょう。ここでは、Amazon Musicを利用する場合を例に説明します。

　「アレクサ、音楽を再生して」と話しかけると、自分がよく聴く楽曲がシャッフル再生されます。聴きたい曲を指定して再生したいときは、「アレクサ、○○（曲名）を再生して」のように話しかけます。また、一時停止や音量の調整といった操作も、話しかけるだけで可能です。

［ Echoに話しかけて音楽を再生してみよう ］

1 音楽をおまかせで再生する

アレクサ、音楽を再生して

おすすめのプレイリスト「○○」を再生します

「音楽を再生して」と頼むと、おすすめの曲を自動的に選んで再生してくれます。「元気の出る曲をかけて」のように漠然としたイメージを伝えてもOKです。

2 曲名を指定して再生する

アレクサ、○○（曲名）を再生して

○○（曲名）を再生します

「○○（曲名）を再生して」のように曲名を指定すると、その楽曲を再生します。ただし、似たような名前の楽曲を誤って再生することもあります。

3 ジャンルを指定して再生する

アレクサ、70年代ポップスを再生して

70年代80年代ポップスステーションを再生します

ジャンル名などを指定すると、該当するプレイリストやステーション（曲を自動選択してラジオのように配信するもの）などが再生されます。

そのほかの便利なコマンド

音声コマンド	動作
「○○（アーティスト名）をかけて」	標準の音楽サービスで指定したアーティストのプレイリストを再生する
「停止」「ストップ」	音楽の再生を停止する
「次の曲を再生して」「前の曲を再生して」	次の曲、前の曲を再生
「音量上げて」「音量下げて」「音量を○○(0~10)にして」	音量を調整する
「○○秒飛ばして」「○○秒戻して」	曲の早送り、巻き戻しをする
「ミュートして」「ミュートを解除して」	消音する／解除する
「この曲は何?」	再生中の曲を調べる

POINT

デフォルトの音楽配信サービスを変更する

　初期状態では、既定の音楽サービスがAmazon Musicに設定されており、それ以外のサービスで音楽を再生したいときは「○○（サービス名）で音楽をかけて」などと指定する必要があります。Amazon Music以外をよく利用する場合は、設定を変更しておきましょう。

Alexaアプリで「再生」タブの最下部にある「サービスを管理」→「既定のサービス」をタップします。「ミュージック」など各項目の「変更」をタップし、サービスを選択します。

曲が見つからないときはスマホのアプリを使う

Echoに音声で曲名などを伝えても、うまく認識されなかったり、意図しない曲が流れてしまったりすることがあります。特に、長いアーティスト名やプレイリスト名は、正確に伝えるのが難しいものです。そんなときは、スマホのアプリで聴きたいものを選び、Echoで再生するとよいでしょう。ここでは「Amazon Music」アプリで曲を選んで再生する方法を説明します。再生中の操作（一時停止や「次へ」など）は、Echoに話しかけて行うことも、アプリの画面で行うこともできます。

また、最近再生した曲などは、Alexaアプリを使って再生することも可能です。

 Amazon Music
開発元：
AMZN Mobile LLC
価格：無料

［ アプリで曲を選んでEchoで再生する ］

1 Amazon Musicから再生

曲の再生画面を開き、上部にある「キャスト」アイコンをタップします。表示される一覧からEchoを選んでタップします。解除するときは、「キャスト」アイコンをタップして「接続解除」をタップしましょう。

2 Alexaアプリから再生

「再生」タブを開くと、最近再生した曲やおすすめのプレイリストが表示されるので、聴きたいものをタップします。表示される一覧からEchoを選んでタップします。

POINT

Amazon Musicアプリの Alexa機能を利用する

Amazon MusicアプリにはAlexaの機能が組み込まれており、音声で指示して曲の検索などができます。ただし、アプリからEchoと接続して音楽を再生しているときは、この機能は利用できません。

Amazon Musicアプリで、画面右下の「ALEXA」をタップします。この画面が表示されたら、曲名などを話しかけて検索します。

COLUMN 画面操作で音楽を再生

Echo Showの場合、画面の右端を左へスワイプして「ミュージック」をタップすると、最近再生した曲やプレイリストの一覧が表示されます。この中から聴きたいものを選んで再生することもできます。

表示される一覧で聴きたいものをタップするか、「1番を再生して」などと話しかけましょう。

好きな曲を集めてプレイリストを作成する

プレイリストとは、テーマ別に曲を集めて、連続で再生できるようにしたものです。好みの曲でプレイリストを作っておけば、Echoで簡単に再生できて便利です。ここではAmazon Musicでの作成方法を紹介しますが、別の音楽配信サービスで作成したプ

レイリストも同様に再生できます。

なお、プレイリストは一般公開されているものも数多くあるため、似た名前のものが誤って再生されることがあります。できるだけ独自の名前を付けるようにしましょう。

[プレイリストを作って再生する]

1 新しいプレイリストを作成する

Amazon Musicアプリの「ライブラリ」タブを開き、「新しいプレイリストの追加」をタップします。プレイリスト名を入力して「保存」をタップすると、プレイリストが新規作成されます。

2 プレイリストに曲を追加する

プレイリストに追加する曲を、最近再生した楽曲から選択します。楽曲の「+」をタップすると、楽曲が追加され、アイコンが「−」に変わります。楽曲の追加が終わったら「終了」をタップします。

3 再生中の曲を追加する

再生中の曲をプレイリストに追加するには、プレーヤー画面の右上にある「：」→「プレイリストに追加」をタップします。プレイリストの一覧が表示されるので、追加するプレイリストをタップします。

4 Echoでプレイリストを再生する

アレクサ、プレイリストの「○○」(プレイリスト名) を再生して

プレイリスト「○○」(プレイリスト名) を再生します

「プレイリストの」に続けてプレイリスト名を話しかけると、指定したプレイリストが再生されます。

COLUMN Echoでポッドキャストを聴く

Echoでは、ポッドキャスト（ネット上で配信されるラジオ番組のような音声コンテンツ）を聴くことも可能です。「アレクサ、ポッドキャストの○○（ポッドキャスト名）を再生して」と話しかければ再生できます。Amazon Musicのほか、SpotifyやApple Musicのポッドキャストにも対応しています。

Amazon Musicアプリでは、「見つける」タブで「ポッドキャスト」をタップすると、おすすめのポッドキャストなどが表示されます。

1 Amazon EchoとAlexaの基礎知識
2 Amazon Echoの基本操作
3 Amazon Echoで音楽や動画を楽しもう
4 Amazon Echoの機能をスキルで拡張しよう
5 Amazon Echoで家電を操作しよう
6 Amazon Echoの高度な使い方
7 Amazon Echo&Alexaでテレワークを快適に

Amazon Echoの スピーカー機能を便利に使う

Echoは単体で使うだけでなく、複数台を組み合わせて音楽を再生することもできます。
さまざまなスピーカー機能を活用して、サウンドをもっと楽しみましょう。

複数のEchoを使って音楽を再生する

家の中に複数のEchoがある場合、それらを組み合わせて音楽を楽しめます。たとえば「マルチルームミュージック」機能を使うと、複数のEchoをグループ化して、同時に音楽を再生できます。別の部屋へ移動しても、途切れることなく曲を聴き続けられるのがメリットです。

また、2台のEchoでステレオ再生する機能を使えば、広がりのあるサウンドを楽しめます。

[マルチルームミュージック機能を利用する]

1 スピーカーの構成方法を選ぶ

Alexaアプリの「デバイス」タブを開き、右上の「+」→「スピーカーを構成」をタップ。次に「マルチルームミュージック」をタップします。

2 接続するEchoを選択する

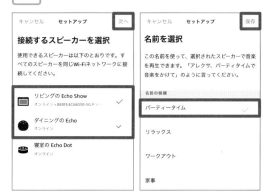

組み合わせたいEchoをタップしてチェックを付け、「次へ」をタップします。グループの名前を指定し、「保存」をタップします。

3 グループを指定して再生する

アレクサ、○○（グループ名）で音楽をかけて

「○○（グループ名）で音楽をかけて」と話しかけると、そのグループに含まれるすべてのEchoで同時に音楽が再生されます。

POINT

2台のEchoでステレオ再生

上記の手順1で「スピーカーを構成」→「ステレオペア／サブウーファー」を選択すると、2台のEchoをステレオスピーカーとして設定できます。さらにサブウーファーを追加することも可能です。ただし、異なる機種のEcho同士の場合、組み合わせによってはペアにできない場合もあります。また、ステレオ再生できるのは、対応する音楽配信サービスに限られます。

なお、2台のEchoが近くにあると、「アレクサ」と呼びかけたときに両方が反応してしまうことがあるので、ウェイクワードを別にしておくとよいでしょう。

電子書籍を読んでみよう！

技術評論社　GDP [検索]

と検索するか、以下のURLを入力してください。

https://gihyo.jp/dp

1. アカウントを登録後、ログインします。
   【外部サービス(Google、Facebook、Yahoo!JAPAN)
   でもログイン可能】

2. ラインナップは入門書から専門書、
   趣味書まで1,000点以上！

3. 購入したい書籍を 🛒 に入れます。
   カート

4. お支払いは「**PayPal**」「**YAHOO!**ウォレット」にて
   決済します。

5. さあ、電子書籍の
   読書スタートです！

◎**ご利用上のご注意**　当サイトで販売されている電子書籍のご利用にあたっては、以下の点にご留意くた

■**インターネット接続環境**　電子書籍のダウンロードについては、ブロードバンド環境を推奨いたします。

■**閲覧環境**　PDF版については、Adobe ReaderなどのPDFリーダーソフト、EPUB版については、EPUBリ

■**電子書籍の複製**　当サイトで販売されている電子書籍は、購入した個人のご利用を目的としてのみ、閲覧、付
ご覧いただく人数分をご購入いただきます。

■**改ざん・複製・共有の禁止**　電子書籍の著作権はコンテンツの著作権者にありますので、許可を得ない改さ

Software Design WEB+DB PRESS も電子版で読める

電子版定期購読が便利!

くわしくは、
「**Gihyo Digital Publishing**」
のトップページをご覧ください。

電子書籍をプレゼントしよう! 🎁

Gihyo Digital Publishing でお買い求めいただける特定の商品と引き替えが可能な、ギフトコードをご購入いただけるようになりました。おすすめの電子書籍や電子雑誌を贈ってみませんか?

こんなシーンで… ●ご入学のお祝いに ●新社会人への贈り物に ……

◉ギフトコードとは? Gihyo Digital Publishing で販売している商品と引き替えできるクーポンコードです。コードと商品は一対一で結びつけられています。

くわしいご利用方法は、「Gihyo Digital Publishing」をご覧ください。

。

-ソフトのインストールが必要となります。
　印刷を行うことができます。法人・学校での一括購入においても、利用者1人につき1アカウントが必要となり、

他人への譲渡、共有はすべて著作権法および規約違反です。

電脳会議 紙面版

新規送付のお申し込みは…

ウェブ検索またはブラウザへのアドレス入力の
どちらかをご利用ください。
Google や Yahoo! のウェブサイトにある検索ボックスで、

電脳会議事務局　　　検　索

と検索してください。
または、Internet Explorer などのブラウザで、

https://gihyo.jp/site/inquiry/dennou

と入力してください。

一切無料！

「電脳会議」紙面版の送付は送料含め費用は
一切無料です。
そのため、購読者と電脳会議事務局との間
には、権利&義務関係は一切生じませんので、
予めご了承ください。

技術評論社　　電脳会議事務局
〒162-0846　東京都新宿区市谷左内町21-13

Echoの音声を外部スピーカーから出力する

Echoよりも高音質なスピーカーを持っている場合、そのスピーカーで音楽を聴きたいこともあるでしょう。Bluetooth対応のスピーカーなら、Echoと接続して音声を出力できます。ただし、距離が遠いと電波が届かないので注意しましょう。なお、Echo（第4世代）やEcho Dot（第4世代）には3.5mmオーディオ出力端子があり、有線でスピーカーをつなぐことも可能です。

[Bluetoothでスピーカーを接続]

1 スピーカーの設定を開始

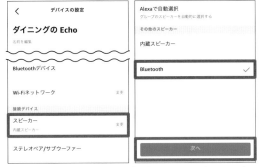

Alexaアプリの「デバイス」タブで「Echo・Alexa」をタップし、設定したいEchoを選択します。「スピーカー」→「Bluetooth」をタップし、「次へ」をタップします。

2 Bluetoothで接続する

「新しいデバイスをペアリング」をタップし、スピーカーをペアリングモードにします。一覧にスピーカーの名前が表示されたら、タップすると接続できます。

3 外部スピーカーに切り替える

アレクサ、スピーカーを接続して

Bluetoothで接続

一度ペアリングすると、「スピーカーを接続して」というだけで外部スピーカーに切り替えられます。内蔵スピーカーに戻したいときは「スピーカーの接続を解除して」と話しかけましょう。

POINT

Echo Showでペアリングする

Echo Showの場合は、本体の画面操作でペアリングを行います。画面上端を下へスワイプして「設定」→「Bluetooth」をタップし、スピーカー名をタップしましょう。

COLUMN Echoをスマホの外付けスピーカーにする

EchoをスマホやパソコンとBluetoothで接続して、外部スピーカーとして使うこともできます。この方法のメリットは、Amazon Musicなどの対応サービス以外の音楽でも、Echoのスピーカーで再生できることです。ただし、単なるBluetoothスピーカーとして接続するだけなので、音楽の再生操作はスマホやパソコンの画面で行う必要があります。

Echoに「アレクサ、ペアリングして」と話しかけてから、スマホやパソコンでBluetoothの設定画面を開き、Echoの名前を選択すれば接続できます。

映画やドラマなどのビデオを思う存分楽しめる

Echo Showで Prime Videoを視聴する

Echo Showシリーズでは、Amazonの動画配信サービス「Prime Video」を視聴できます。
映画やドラマなど、多彩な作品を手軽に楽しめます。

豊富なビデオ作品をEcho Showで楽しむ

Amazonが提供する「Prime Video」は、映画やドラマなどをオンラインで視聴できるサービスです。「Prime」と表示された作品は、プライム会員なら追加料金なしに見放題で楽しめます。

Prime Videoは、Echo Showでの視聴に対応しています。見たい作品はEcho Showで検索することもできますが、音声で作品名などを正確に伝えるのは難しい場合もあります。そこで、あらかじめスマホやパソコンから「ウォッチリスト」に登録しておくと便利です。

なお、プライム会員特典は期間限定となっており、期間が終了すると有料になったり、配信が停止されたりします。その場合は、ウォッチリストに登録済みでも視聴できなくなるので注意しましょう。

[見たい作品をウォッチリストに追加する]

1 スマホからウォッチリストに追加

スマホやタブレットでは、「Amazon プライム・ビデオ」アプリを使います。見たいプライム対象作品を開き、「ウォッチリスト」をタップすると、ウォッチリストに追加されます。

Amazon Prime Video
開発者：
Amazon Mobile LLC
価格：無料

2 パソコンからウォッチリストに追加

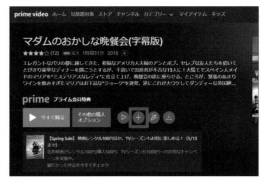

パソコンのブラウザーで、Amazonのサイト内にある「Prime Video」にアクセスします。見たいプライム対象作品のページを開き、「+」アイコンをクリックします。

COLUMN プライム会員特典以外の作品を視聴するには

Prime Videoには有料で配信されている作品もありますが、Echo Showではレンタルや購入の手続きができません。あらかじめパソコンでレンタル・購入しておくと「ビデオライブラリ」に追加され、Echo Showでも視聴できるようになります。なお、スマホやタブレットでもレンタルや購入は可能ですが、iPhone/iPadの場合はアプリではなくブラウザーを使う必要があります。

ブラウザーで作品のページを開き、「レンタル」または「購入」をクリックします。Androidの場合は「Amazon Prime Video」アプリからもレンタルや購入が可能です。

[Echo Showでビデオ作品を再生する]

1 Prime Videoを表示する

アレクサ、
プライムビデオを開いて

まず「アレクサ、プライムビデオを開いて」と話しかけます。Prime Videoのトップ画面が表示されるので、メニューの項目をタップするか、「ウォッチリストを開いて」などと話しかけます。

2 視聴するビデオを選択する

2番を見せて

ウォッチリストやビデオライブラリを開くと、登録されている作品が表示されます。この中から見たいものをタップするか、「○番を見せて」と話しかけます。

3 ビデオが再生される

選択した作品が再生されます。画面をタップするとメニューが表示され、10秒の早送り・巻き戻しや一時停止などの操作ができます。また、音声で操作することも可能です。

4 字幕と音声を設定する

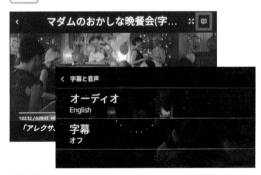

再生画面の右上にある吹き出しアイコンをタップすると、オーディオや字幕の設定が可能です。なお、作品によっては設定が変更できないものもあります。

再生中に使えるコマンド

音声コマンド	動作
「停止」「ストップ」	ビデオの再生を一時停止
「再生」「再開」	一時停止中のビデオを再生
「巻き戻し」	10秒戻る
「早送り」	10秒進む
「○秒前に戻って」 「○秒巻き戻し」	指定した時間戻る。 分や時間でも指定可能
「○秒前に進んで」 「○秒早送り」	指定した時間進む。 分や時間でも指定可能
「最初から再生して」	視聴中のビデオを 最初に戻って再生する
「次に移動」	シリーズ作品で 次のエピソードを再生
「拡大」「縮小」	画面のサイズに合わせて ビデオを拡大／縮小する

そのほかの便利なコマンド

音声コマンド	動作
「ウォッチリストを開いて」	ウォッチリストに登録されている ビデオを一覧表示
「ビデオライブラリを 開いて」	ビデオライブラリに登録されて いるビデオを一覧表示
「プライム映画を見せて」	プライム会員特典の映画の中 からおすすめの作品を一覧表示
「(ジャンル名)を見せて」	指定したジャンルの 作品を一覧表示
「(俳優名)を見せて」	指定した俳優の作品を一覧表示
「(テレビシリーズ名)を 見せて」	指定したテレビシリーズ作品を 一覧表示
「(作品名)を見せて」	指定した作品の再生を開始
「ホームに戻って」	Prime Videoを終了して ホーム画面に戻る

多彩な配信サービスで好きな動画を楽しもう

YouTubeやNetflixなどのビデオを視聴する

Echo Showシリーズは、Netflixなどの動画配信サービスにも対応しています。
内蔵ブラウザーを使えば、YouTubeなどの動画も視聴できます。

Echo ShowでYouTubeが手軽に楽しめる

Echo Showでは、Prime Video以外にもさまざまなサービスを利用して動画を視聴できます。

YouTubeを見る場合は、内蔵ブラウザーの「Silk」を使います。「アレクサ、YouTubeを開いて」と話しかければ、すぐにSilkが起動してアクセスできます。

動画の検索も音声で可能ですが、うまくいかない場合は画面に表示されるキーボードを使って検索することも可能です。登録チャンネルや履歴、再生リストなどの機能を使いたいときは、YouTubeのアカウントでログインしましょう。

[YouTubeで動画を検索して再生する]

1 ブラウザーでYouTubeを開く

アレクサ、
ユーチューブを開いて

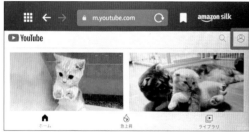

「アレクサ、ユーチューブを開いて」と話しかければ、Silkが起動してYouTubeのトップページが表示されます。右上のアイコンをタップしてアカウントを入力すればログインできます。

2 動画を検索して選択する

アレクサ、
○○（キーワード）

キーワードを話しかけると検索が実行され、結果が表示されます。画面をスクロールし、見たい動画をタップします。なお、トップ画面の右上にある虫眼鏡アイコンをタップすると、キーボードで入力することもできます。

3 動画が再生される

選択した動画が再生されます。画面をタップすると、操作用のアイコンが表示されます。右下のアイコンをタップすると、全画面表示に切り替わります。なお、「一時停止」「進む」などの操作を音声で行うことはできません。

POINT
一覧から動画サービスを選択

画面の右端を左へスワイプして「ビデオ」をタップすると、動画サービスの一覧が表示されます。この中から見たいものをタップしてアクセスすることも可能です。

Netflixなどの動画を視聴する

Echo Showは、定額制の動画配信サービスの中でも人気の高い「Netflix」に対応しています。音声で作品名を伝えれば再生できますが、うまく認識されないときは画面で作品を選びましょう。あらかじめパソコンやスマホで「マイリスト」に登録しておけ

ば、簡単に見つけられます。

このほか、「Paravi」や「ひかりTV」の動画も視聴可能です。これらのサービスを利用するにはアカウントが必要なので、事前にパソコンかスマホから申し込んでおきましょう。

1 Netflixを開く

アレクサ、
ネットフリックスを開いて

「アレクサ、ネットフリックスを開いて」と話しかけると、Netflixのトップ画面が表示されます。はじめて利用するときはログイン画面が表示されるので、メールアドレスとパスワードを入力しましょう。

2 作品を指定して再生する

アレクサ、
○○（作品名）を再生して

作品名を伝えるか、見たい作品を画面でタップすると、再生が開始されます。再生中に画面をタップすると操作用のアイコンが表示されます。下部のメニューから、字幕や音声の切り替え、エピソードの選択などが可能です。

ネット上の動画を検索して再生する

Echo Showには、Microsoftの「Bing」を利用してネット上の動画を検索する機能があります。サイトを限定せずに動画を探したいときに使ってみるとよいでしょう。ただ、検索でヒットする動画は「Dailymotion」に投稿されたものが多く、目的の動画が必ず見つかるとは限りません。

● 話しかけて動画を検索する

アレクサ、
○○（キーワード）の
動画を検索

「エコー、もっと見せて」と言ってみて

「アレクサ、ウサギの動画を検索」のようにキーワードを伝えて検索すると、Bingでヒットした検索結果が表示されます。見たい動画をタップするか「1番を見せて」のように話しかけると動画を再生できます。

POINT

Googleで動画を検索する

Silkを使えば、Googleで動画を検索することも可能です。Bing検索で動画が見つからない場合は、Googleを使って検索してみるといいでしょう。

「アレクサ、グーグルを開いて」と話しかけると、Googleが表示されます。あとは「アレクサ、（キーワード）の動画」と話しかければ、動画を検索することができます。

デジタルフォトフレームのように活用しよう！

Echo Showで
Amazon Photosの写真を見る

「Amazon Photos」に写真を保存しておけば、Echo Showで閲覧できます。
スマホなどで撮影した写真を、スライドショー形式で楽しめます。

スマホで撮った写真をEcho Showで楽しめる

Echo Showで写真を閲覧するには、フォトストレージサービスの「Amazon Photos」に保存しておく必要があります。スマホで撮影した写真の場合は、アプリを使ってアップロードしましょう。また、パソコンからAmazon Photos（https://www.amazon.co.jp/photos/）にアクセスしてアップロードするこ

とも可能です。プライム会員なら、フル解像度の写真を容量無制限で保存できます。

Echo Showに「写真を見せて」と話しかけると、スライドショー形式で表示されます。アルバムを作って写真を分類しておけば、見たいものだけを表示できます。

[写真をアップロードしてEcho Showで見る]

1 スマホで写真をアップロードする

アプリの「その他」→「設定」→「アップロード」→「自動保存」をオンにすると、スマホで撮影した写真が自動的にアップロードされます。なお、特定の写真だけをアップロードすることもできます。

Amazon Photos iOS Android

photos
開発者：
Amazon Mobile LLC
価格：無料

2 スライドショーで表示する

アレクサ、
写真を見せて

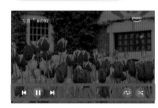

「アレクサ、写真を見せて」と話しかけると、すべての写真が新しいものからスライドショーで表示されます。画面をタップすると、「戻る」「一時停止／再生」「進む」「リピート」「シャッフル」の操作を行うためのアイコンが表示されます。

POINT

Echo Showで写真や動画を撮る

Echo Showに「アレクサ、写真を撮って」または「アレクサ、動画を撮って」と話しかけると、3秒のカウントダウンに続いて撮影が行われます。撮影した写真や動画は自動的にAmazon Photosにアップロードされ、ほかの写真と同じように閲覧できます。

カウントダウン中に画面を左へスワイプすると、吹き出しや帽子などでデコレーションする機能を使えます。

3 アルバムを選択して表示する

アレクサ、
フォトアルバムを見せて

「アレクサ、フォトアルバムを見せて」と話しかけると、アルバムの一覧が表示されます。見たいものをタップするか「〇番を見せて」というと、指定したアルバムの写真を閲覧できます。

1 Amazon EchoとAlexaの基礎知識

2 Amazon Echoの基本操作

3 Amazon Echoで音楽や動画を楽しもう

4 Amazon Echoの機能をスキルで拡張しよう

5 Amazon Echoで家電を操作しよう

6 Amazon Echoの高度な使い方

7 Amazon Echo&Alexaでテレワークを快適に

「ながら聴き」に最適！ 耳で読書を楽しめる

Kindle本の読み上げやオーディオブックを聴く

最近注目を集めているのが、音声で本を聴くという新しい読書スタイルです。
「Kindle」や「Audible」の多彩な本を、Echoで楽しみましょう。

音声で楽しむ新しい読書を体験しよう

Amazonが販売するKindle本の一部は、「Text-to-Speech」という読み上げ機能に対応しています。これらの書籍は、Alexaの音声で読み上げが可能です。また、プロのナレーターによる朗読を楽しめる「Audible」のオーディオブックも、Echoで再生でき

ます。聴きたい本は、あらかじめスマホかパソコンで購入しておく必要があります。Amazonのサイト内にあるKindleストアやAudibleストアで購入しましょう。Androidの場合は、「Kindle」アプリや「Audible」アプリでも購入できます。

[**KindleやAudibleの本をEchoで聴く**]

1 本の読み上げを開始する

アレクサ、
○○（作品名）を読んで

○○（作品名）を再生します
（作品を読み上げる）

「アレクサ、○○（作品名）を読んで」と話しかけると、KindleまたはAudibleの該当する書籍を読み上げてくれます。「本を読んで」で未読の本または前回の続きから読むこともできます。

2 読み上げ速度を変更する

アレクサ、
もっとゆっくり読んで

90パーセントの速度で
読んでいます

読み上げが速すぎたり遅すぎたりする場合は、「もっとゆっくり読んで」または「もっと速く読んで」と頼みましょう。標準の速度に戻すには「普通の速さで読んで」と話しかけます。

3 Alexaアプリから再生する

Alexaアプリで作品を選んで再生することも可能です。「再生」タブの「KINDLEライブラリ」または「AUDIBLEライブラリ」で作品をタップし、再生に使うEchoを選択します。一時停止などの操作もアプリから行えます。

Kindle・Audibleで利用できるコマンド

音声コマンド	動作
「本を読んで」 「キンドル本を読んで」 「オーディオブックを読んで」	直近に追加したKindle本またはオーディオブック（すでに読みかけの場合は前回読んでいた本の続き）を読み上げる
「次の章を読んで」	次の章を読み上げる
「前の章を読んで」	前の章を読み上げる
「早送り」	少し先の部分を読み上げる
「巻き戻し」	少し前の部分を読み上げる
「停止」「ストップ」	読み上げを一時停止
「再開」「再生」	一時停止中の本の読み上げを再開

世界中のラジオ放送をいつでも楽しめる

Amazon Echoで
ラジオ番組を聴く

Echoでは、ラジオ放送を聴くことも可能です。国内だけでなく世界中の多数の放送局に
対応しており、音楽やトークなど豊富なジャンルの番組を楽しめます。

Echoで世界中のラジオ放送を楽しむ

Amazon Echoでラジオ番組を楽しむには、「radiko.jp」のスキルを追加しましょう。現在地で放送されているAM・FM局に加え、ラジコプレミアム会員なら全国のラジオ放送を聴くことも可能です。

また、Echoは世界中のラジオ番組を楽しめる「TuneIn」にも対応しています。こちらはスキルの追加などは不要で、ラジオ局を指定するだけですぐに再生できます。

[「radiko.jp」や「TuneIn」を聴く]

1 「radiko.jp」を使えるようにする

Alexaアプリの「その他」→「スキル・ゲーム」で「radiko.jp」を検索し、「有効にして使用する」をタップします。なお、スキルの詳しい使い方は60ページを参照してください。

2 「radiko.jp」でラジオ放送を聴く

アレクサ、ラジコで
○○（放送局名）を再生して

ラジコへようこそ。
○○（放送局名）を再生します

「アレクサ、ラジコで○○（放送局名）を再生して」と話しかけると、その放送局の番組をストリーミング再生します。

3 「TuneIn」でラジオ放送を聴く

「TuneIn」を聴くには、Alexaアプリの「再生」タブで「TUNEINローカルラジオ」の「ブラウズ」をタップし、放送局をタップして、再生に使用するEchoを選択します。なお、Echoに「アレクサ、チューンインで○○（放送局名）を再生して」と話しかけてもOKです。

POINT

ラジコプレミアムの
アカウントをリンクする

有料のラジコプレミアム（月額385円）に登録していれば、エリアフリー機能で全国のラジオ放送を聴くことができます。Echoで利用するには、スキルの画面からアカウントのリンクを設定しましょう。

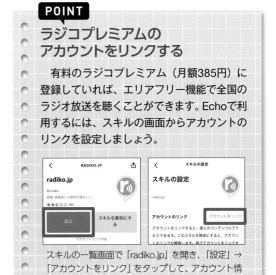

スキルの一覧画面で「radiko.jp」を開き、「設定」→「アカウントをリンク」をタップして、アカウント情報を入力します。

Amazon Echoの機能を
スキルで拡張しよう

パソコンの機能を拡張するには、ソフトウェアやハードウェアを追加導入します。同様に、Amazon Echoに機能を追加したい場合は「スキル」と呼ばれるソフトを追加します。スキルは、多くの制作者によって大量に提供されており、大半が無料で利用できます。本章では、使えそうなスキルや面白そうなスキルを厳選して紹介しているので、ぜひ試してください。また、簡単なスキルを自分で作成する「Alexaブループリント」というサービスも取り上げました。複雑なことはできませんが、シーンによっては使えるスキルを自ら作ることもできるでしょう。

便利なスキルの活用でEchoの機能を強化！

Amazon Echoで
スキルを使ってみよう

Amazon Echoに「スキル」を追加すると、外部サービスとの連携など、さまざまな機能を
利用できるようになります。まずは基本的な使い方を覚えておきましょう。

スキルを追加してAlexaでできることを増やす

「スキル」とは、Amazon Echoに機能を追加するためのアプリのようなもので、正式には「Alexaスキル」と呼びます。日本向けに公開されているスキルは3500点以上もあり（2020年11月発表のデータによる）、生活に役立つものからクイズやゲームを楽しむものまで、種類も多岐にわたります。

スキルを追加する方法はいくつかありますが、もっとも一般的なのはスマホのAlexaアプリを使う方法です。スキルの名前がわかっていれば、簡単に検索して追加できます。

[スマホのAlexaアプリでスキルを追加する]

1 アプリでスキルの画面を表示

Alexaアプリで「その他」タブを開き、「スキル・ゲーム」をタップします。

2 スキルの検索画面を開く

「スキルとゲーム」画面が表示されます。おすすめの一覧やカテゴリーから探すこともできますが、スキル名で検索したい場合は右上の虫眼鏡アイコンをタップしましょう。

3 スキル名などで検索する

スキル名などのキーワードを入力して検索します。検索結果が表示されたら、使いたいスキルを選んでタップしましょう。

4 スキルを有効にする

スキルの説明画面が表示されるので、内容を確認しましょう。「有効にして使用する」をタップすると、利用可能な状態になります。

POINT

ほかにもあるスキルの追加方法

スキルの追加は、パソコンから行うことも可能です。Amazonのサイトで、カテゴリーの一覧から「Alexaスキル」を選んで検索し、使いたいスキルを見つけたら「有効にする」をクリックします。

また、Echoに「○○（スキル名）を有効にして」と話しかけて追加する方法もあります。ただし、スキル名を正確に伝えないと認識されないので、うまくいかない場合はスマホかパソコンを使って追加しましょう。

追加したスキルを使ってみよう

スキルを追加できたら、さっそく利用してみましょう。具体的な使い方はスキルによって異なりますが、Alexaにスキル名を伝えて起動するのが一般的です。話しかけるフレーズの例は、各スキルの説明画面に記載されているので、事前に確認しておくとよいでしょう。

[スマホのAlexaアプリでスキルを追加する]

1 音声でスキルを起動する

> アレクサ、
> ○○（スキル名）を開いて

Echoに「アレクサ、○○（スキル名）を開いて」などと話しかけて起動します。なお、スキルによっては起動用のフレーズとスキル名が異なる場合もあります。

2 スキルが起動する

> ○○（スキル名）へようこそ
> （スキルの説明などが続く）

スキルが起動し、音声でやりとりしながら機能を利用できます。Echo Showなどの画面付きデバイスでは、画面に情報が表示されるスキルもあります。

3 スキルで調べた情報を確認

スキルで検索した情報などは、Alexaアプリにカードとして保存されます。「その他」タブで「アクティビティ」を開くと、あとから内容を確認できます。

POINT
スキルの動作を止める

スキルが読み上げる情報が非常に長い場合など、途中で止めたいこともあるでしょう。そんなときは、「アレクサ、ストップ」や「アレクサ、終了」と話しかければ停止させることができます。

> アレクサ、ストップ

ATTENTION

アクセス権やアカウントの設定が必要な場合

スキルによっては、通知の許可や住所などの個人情報へのアクセスを要求される場合があります。また、ウェブサービスと連携して動作するスキルでは、各サービスのアカウントとのリンクが必要な場合もあります。これらの設定はスキルの追加時に行いますが、あとから変更したい場合は「その他」タブの「スキル・ゲーム」→「有効なスキル」からスキルを選択して設定しましょう。

スキルの追加時に「アカウントのアクセス権」が表示された場合は、許可しても問題のない項目のみにチェックを付け、「アクセス権を保存」をタップします。

「設定」をタップすると、アクセス権の変更やアカウントのリンクを設定できます。

お役立ちスキルを一挙紹介！

Amazon Echoで利用できる おすすめのスキル

Amazon Echoで利用できるスキルには、非常に多くの種類があります。ここでは、日々の生活に役立つおすすめのスキルを紹介します。ぜひ参考にしてください。

いろいろなスキルでEchoをもっと便利にしよう

Alexaスキルは、最新情報をチェックできる「ニュース」をはじめ、BGMや環境音を流す「音楽・オーディオ」、電車の乗換経路などを調べられる「旅行・交通」など、幅広いジャンルに対応しています。その中から、実用性の高いものを中心にピックアップして紹介します。

ニュース
Yahoo！ニュース for フラッシュニュース

おすすめ度 ★★★

提供元：Yahoo Japan Corp.

「Yahoo！ニュース」が提供するフラッシュニューススキルです。落ち着いた男性の声で、さまざまなジャンルの最新ニュースを読み上げてくれます。ニュースの更新時間は、朝6：00、昼12：00、夜18：00の3回です。

ニュース
NHKラジオニュース

おすすめ度 ★★★

提供元：NHK（Japan Broadcasting Corp.）

NHKラジオのニュースを聞けるスキルです。なお、同じ提供元の「NHKニュース」というスキルもあり、そちらは画面付きデバイスなら動画でニュースを視聴できます。画面なしのEchoでは、どちらも同じ内容になります。

ニュース
日本経済新聞 電子版

おすすめ度 ★★★

提供元：NIKKEI INC.

ビジネスパーソンには欠かせない日本経済新聞のフラッシュニューススキルです。国内外の政治・経済を中心に、主要なニュースを読み上げてくれます。ゆったりしたテンポで、非常に聴き取りやすいのもポイントです。

ニュース
防災情報

おすすめ度 ★★★

提供元：1st Media Corporation

Amazonアカウントに登録してある住所情報をもとに、その地域に発令されている防災情報を教えてくれます。特定の種類の災害に関する情報を知りたい場合は、「アレクサ、防災情報で津波情報を教えて」のように話しかけます。

POINT

フラッシュニューススキルをうまく活用する

このページで紹介したスキルのうち、「防災情報」以外の3つは、「フラッシュニュース」と呼ばれるタイプのスキルです。これらのスキルは、「アレクサ、ニュースを教えて」と話しかければ起動できます。複数のフラッシュニューススキルを追加しておくと連続で再生され、気に

なる情報をまとめてチェックできます。ニュースが長すぎる場合や内容に興味がない場合は、「アレクサ、次へ」で次のスキルへスキップ可能です。再生する順番の変更や、オン／オフの切り替えは、Alexaアプリで設定できます（詳しくは68ページを参照）。

スポーツ
野球トリビア by データスタジアム

おすすめ度 ★★★

提供元：データスタジアム

野球にまつわるあらゆる豆知識を教えてくれるスキルです。スポーツのデータ解析や配信を行うデータスタジアム社の提供なので、情報の深さもピカイチ。ファンも知らなかった驚きの記録やエピソードを楽しめます。

ビジネス・ファイナンス
QUICK

おすすめ度 ★★★

提供元：QUICK

国内外の株式市場の最新情報を教えてくれるスキルです。株価、ニュース、TOPIX（東証株価指数）の照会ができます。Echo Showなどのデバイスでは、画面にチャートなどを表示して確認することも可能です。

ビジネス・ファイナンス
大和証券株talk

おすすめ度 ★★☆

提供元：大和証券株式会社

国内市場のマーケット情報を、AIが教えてくれるスキルです。銘柄を指定して株価やニュースを確認でき、「日経平均はどんな感じ？」「値上がり銘柄を教えて」といった質問にも答えてくれます。

天気
ウェザーニュース

おすすめ度 ★★★

提供元：Weathernews Inc.

「東京の天気を教えて」などと話しかけると、その地域の天気予報を教えてくれます。また、週間天気や週末の天気も聞けます。「東京タワー」のようにスポット名を話しかけて、ピンポイントで週末の天気を調べることも可能です。

天気
地震レーダー

おすすめ度 ★★★

提供元：株式会社 ONE WEDGE

日本全国で発生している地震情報を教えてくれるスキルです。最新の地震情報を音声で伝えるとともに、アクティビティ画面で震度情報などを表示します。さらに、場所や日付を指定して地震情報を調べることもできます。

天気
Yahoo！天気・災害

おすすめ度 ★★★

提供元：Yahoo Japan Corp.

天気予報と気象警報を教えてくれるスキルです。Yahoo! JAPAN IDとリンクを設定しておけば、自宅周辺の天気を簡単にチェックできます。雨の予報がある日の朝7時ごろに通知してくれる機能もあります。

旅行・交通
Yahoo！乗換案内

おすすめ度 ★★☆

提供元：Yahoo Japan Corp.

「新宿から東京」のように話しかけると、路線と発着時刻がわかります。また、「明日14時に新宿到着」などで調べることも可能です。運賃や所要時間など詳細は、アプリのアクティビティ画面や、メールで届くURLから確認できます。

旅行・交通
混雑予報

おすすめ度 ★★☆

提供元：(株)ナビタイムジャパン

駅名を話しかけると、その日の駅の混雑度を「いつもどおり」「いつもの約2倍」「いつもの約3倍」の3段階で教えてくれます。事前に状況を確認することで、混雑しそうな時間帯を避けるといった対策が可能になります。

1 Amazon EchoとAlexaの基礎知識

2 Amazon Echoの基本操作

3 Amazon Echoで音楽や動画を楽しもう

4 Amazon Echoの機能をスキルで拡張しよう

5 Amazon Echoで家電を操作しよう

6 Amazon Echoの高度な使い方

7 Amazon Echo&Alexaでテレワークを快適に

旅行・交通　おすすめ度 ★★★

次のバス

提供元：(株)ナビタイムジャパン

あらかじめよく使うバス停を登録しておくと、話しかけるだけで次に出発するバスの時刻を教えてくれます。乗るバス停だけでなく、降りるバス停の設定も可能です。通勤や通学にバスを使う人には便利なスキルです。

旅行・交通　おすすめ度 ★★★

JapanTaxi

提供元：株式会社Mobility Technologies

タクシー配車アプリ「JapanTaxi」のスキル。「アレクサ、タクシーを呼んで」と話しかければ配車を依頼できます。あらかじめスマホにアプリをインストールし、アカウント登録とAlexaとの連携設定を行う必要があります。

旅行・交通　おすすめ度 ★★★

ジョルダンライブ！ -クチコミ鉄道運行情報-

提供元：Jorudan Co.,Ltd.

ユーザーから寄せられたクチコミ情報に基づいて、最新の列車運行状況を教えてくれるスキルです。よく使う路線をお気に入りに登録しておくと、スキルを起動しただけで簡単に情報をチェックできます。

フード・ドリンク　おすすめ度 ★★★

DELISH KITCHEN の簡単レシピ検索

提供元：every, Inc.

人気レシピサイト「DELISH KITCHEN」のスキル。食材や料理名などでレシピを検索できます。献立が思い浮かばないときは、おすすめレシピを聞くことも可能です。必要な材料はAlexaアプリで確認できます。

フード・ドリンク　おすすめ度 ★★★

食べログ

提供元：Kakaku.com, Inc.

グルメサイト「食べログ」のスキル。場所と料理ジャンルを指定して簡単に飲食店情報を検索でき、口コミもチェックできます。検索したお店の詳細情報は、Alexaアプリのアクティビティ画面で確認しましょう。

フード・ドリンク　おすすめ度 ★★★

すき家の お弁当注文

提供元：ZENSHO HOLDINGS CO., LTD.

すき家のお弁当を注文し、店頭で待たずに受け取るためのスキルです。メニュー、個数、受け取り時刻を対話で指定できます。利用するには、アカウントのリンクで名前、電話番号、メールアドレス、受け取り店舗の登録が必要です。

フード・ドリンク　おすすめ度 ★★★

賞味期限メモ

提供元：TK

食品の賞味期限を管理できるスキルです。食品名と賞味期限を音声で登録でき、「賞味期限を教えて」と頼むと、期限が近いものから順に3品を教えてくれます。賞味期限の確認時には、Alexaアプリでリストの受信が可能です。

ヘルス・フィットネス　おすすめ度 ★★★

お薬メモ

提供元：Under Water Birds

薬やサプリを飲んだことを記録して確認できるスキルです。「アレクサ、お薬メモを開いて記録して」と話しかけるだけで簡単に情報を登録できます。前回いつ飲んだかを確認するには「教えて」と話しかければOKです。

ヘルス・フィットネス
おすすめ度 ★★★

目覚めすっきりヨガ

提供元：voicehackerjp

朝の目覚めをすっきりさせるヨガをレッスンしてくれるスキル。肩こりやダイエットに効果があるという「猫のポーズ」をはじめ、手軽に続けられるよう工夫されています。Echo Showなどでは、ポーズを画像付きで説明してくれます。

ヘルス・フィットネス
おすすめ度 ★★★

筋トレコーチ

提供元：Daisuke Ikeda

筋トレなどの回数をカウントしてくれるスキル。1セットでカウントできる回数は40回まで、カウント間隔は5秒までの範囲で指定できます。「腕立てを10回」「3秒間隔で15回」のように話しかけるとカウントが始まります。

仕事効率化
おすすめ度 ★★★

片付け上手

提供元：ソリッドコミュニケーション株式会社

片付けたものと場所を登録して管理できるスキル。「ハサミを片付けた」のように話しかけて登録し、続いて「机の引き出しに片付けた」のように場所を登録します。「ハサミはどこ？」と言えば、片付けた場所を教えてくれます。

ユーティリティ
おすすめ度 ★★★

年号手帳

提供元：kiva

西暦、和暦、和暦順、干支、年齢などを教えてくれるスキルです。和暦と西暦の換算はもちろん、「昭和50年の干支は？」といった質問にも回答してくれます。年号のデータは、西暦1781年（天明元年）以降に対応しています。

ユーティリティ
おすすめ度 ★★★

日本の暦

提供元：rkom

日本の旧暦や、大安、仏滅などの六曜を調べるために役立つスキルです。「今日の旧暦を教えて」「次の大安はいつ？」などと話しかければ、すぐに教えてくれます。冠婚葬祭などで暦が気になるときに便利です。

ライフスタイル
おすすめ度 ★★★

ヤマト運輸

提供元：ヤマト運輸

荷物の配達予定時刻と個数を確認できるスキルです。受取日時の変更も、「明日の午前中に変えて」などと話しかけるだけで可能です。利用するには、あらかじめクロネコメンバーズに登録し、IDの連携を行う必要があります。

COLUMN 「スキル内課金」で有料コンテンツを利用する

スキルの多くは無料で利用できますが、一部の機能やコンテンツを有料で提供しているスキルもあります。このしくみを「スキル内課金」と呼びます。課金には、Amazonのアカウントで登録している支払い方法（クレジットカードなど）が使われます。

一部の機能やコンテンツが有料のスキルは、情報画面に「スキル内課金あり」と記載されています。

1 Amazon EchoとAlexaの基礎知識
2 Amazon Echoの基本操作
3 Amazon Echoで音楽や動画を楽しもう
4 Amazon Echoの機能をスキルで拡張しよう
5 Amazon Echoで家電を操作しよう
6 Amazon Echoの高度な使い方
7 Amazon Echo&Alexaでテレワークを快適に

ライフスタイル

おすすめ度 ★★★

今日のゴミ出し

提供元：quo1987

ゴミ出しのスケジュールを管理できるスキルです。最大10種類の予定を登録でき、「今日のゴミ出しは？」「次の燃えるゴミの日は？」などと聞けば確認できます。予定の登録は、アカウントのリンクを設定してからウェブ上で行います。

ライフスタイル

おすすめ度 ★★★

花王シミ抜きガイド

提供元：花王株式会社

衣類にカレーやコーヒー、ファンデーションなどのシミが付いてしまった……。そんなときは、このスキルでシミの落とし方を調べてみましょう。汚れの種類別に、必要な洗剤や道具、シミ抜きの詳しい手順を教えてくれます。

ライフスタイル

おすすめ度 ★★★

癒し音楽

提供元：Healing.fm

ヒーリング系の音楽を中心にBGMを流してくれるスキルです。のんびりとリラックスしたいときはもちろん、いいムードを演出したいとき、就寝するときにもピッタリ。忙しい生活で疲れた心と身体を気持ちよく癒やしてくれます。

音楽・オーディオ

おすすめ度 ★★★

カラオケ JOYSOUND

提供元：株式会社エクシング

自宅にいながらカラオケを楽しめるスキルです。460曲以上の無料曲に加え、利用券（1カ月ごとに更新）を購入すれば、5万曲以上を歌い放題で楽しめます。画面付きデバイスなら、歌詞を見ながら歌えます。

音楽・オーディオ

おすすめ度 ★★★

おやすみの森

提供元：Nostalgic Nature

心地よい眠りを誘うBGMを流してくれるスキルです。軽井沢の美しい自然音が中心で、選択する季節によって音が変わるのもユニークです。BGMが流れ始めてから徐々に音量が下がり、30分後には無音で停止するしくみです。

音楽・オーディオ

おすすめ度 ★★★

ビストロ ミュージック

提供元：USEN Corp.

食事のBGMに適した、軽快な音楽を流すスキルです。アコーディオンやバイオリンを中心としたアコースティックなサウンドで、おしゃれな雰囲気を楽しめます。お気に入りに登録した曲だけを再生できる機能もあります。

教育・レファレンス

おすすめ度 ★★★

アルクの英語クイズ

提供元：ALC PRESS, INC.

英語教育の老舗、アルクの英語リスニング用スキル。読み上げられる問題は、TOEIC L＆RテストのPart 2の形式に沿っており、A～Cの中から三択で回答していくしくみです。また、会話シーンのイメージ画像がカードで表示されます。

教育・レファレンス

おすすめ度 ★★★

日本史ナビ

提供元：SyumiOD

日本史のできごとや人物などを解説してくれるスキル。「1900年にジャンプして」のように、西暦年を指定すると、その年の主要なできごとを聴けます。人物解説を聴きたい場合は、「徳川家康について教えて」と話しかければOKです。

ソーシャル
白ヤギさん

提供元：KAZUYUKI IKUSHIMA A19.JP

おすすめ度 ★★★

Echoに話した内容を、LINEのトークで送信できるスキルです。送信した内容は、「白ヤギさんMessaging」という友だちからのメッセージとして届きます。使用するには、LINEのアカウントとの連携設定が必要です。

ソーシャル
今日のことわざ

提供元：Golden Roll

おすすめ度 ★★★

ことわざの知識が身につくスキルです。毎日ランダムにことわざを選び、意味とともに教えてくれます。おなじみのことわざはもちろん、あまり知られていないものまで豊富に収録されており、今後も追加されていく予定です。

ゲーム・トリビア
性格診断

提供元：Accela,Inc.

おすすめ度 ★★☆

12の質問に答えていくと、性格を診断してくれるスキルです。「アーティスト」「お調子者」「リーダー」などのタイプに分類し、その性格の弱みや強みを解説したうえで、よりよく生きるためのアドバイスをしてくれます。

ゲーム・トリビア
サカナノジカン

提供元：kunikawa

おすすめ度 ★★★

Echo Showなどの画面付きデバイスで魚を育成できるスキル。起動すると魚の状態を知らせてくれるので、正しく世話をしていきます。「ゴハン」でエサをあげたり、「アソビ」で一緒に遊びながら、大きく育てましょう。

子ども向け
ピーボ
～絵本読み聞かせ～

提供元：ever sense, Inc.

おすすめ度 ★★☆

絵本を読み聞かせてくれるスキルです。100名以上の作家によるオリジナル絵本や、昔話などの名作まで、360冊以上が用意されています。子どもの年齢やキーワードを指定して、絵本を検索することも可能です。

子ども向け
歯みがきくん

提供元：Daisuke Ikeda

おすすめ度 ★★★

音楽とともに歯みがき習慣を身につけられるスキルです。家族みんなで楽しみながら、自然に正しい歯みがきができるようになります。幼児向けですが、小学生以上くらいの子ども向けのロングバージョンもあります。

POINT

子ども向けスキルを有効にする

「子ども向け」スキルは、初期設定では無効になっています。利用するにはAlexaアプリから使用許可を有効にする必要があります。設定が必要なのは初回のみで、有効にするとすべての子ども向けスキルが有効になります。また、設定画面からいつでも無効に切り替えることが可能です。

子ども向けスキルを許可するには、Alexaアプリの「その他」タブで「設定」→「アカウントの設定」→「子ども向けスキル」→「子ども向けスキルを許可」をオンにします。

1 Amazon EchoとAlexaの基礎知識
2 Amazon Echoの基本操作
3 Amazon Echoで音楽や動画を楽しもう
4 Amazon Echoの機能をスキルで拡張しよう
5 Amazon Echoで家電を操作しよう
6 Amazon Echoの高度な使い方
7 Amazon Echo&Alexaでテレワークを快適に

より便利に使いこなすためのコツを知る

スキルを使いやすいように
管理する

スキルをより使いやすくするために、うまく整理する方法を覚えておきましょう。
また、「定型アクション」を利用すれば、スキルの呼び出しが簡単になります。

Alexaアプリでスキルを管理しよう

有効にしたスキルの確認や設定変更は、Alexaアプリの「スキル・ゲーム」画面で行います。使わなくなったスキルが増えてくると管理しづらいので、不要なものは無効にしておきましょう。

また、フラッシュニューススキルは、一時的にオフにしたり、再生する順番を変更したりできます。これらの機能を活用して、スキルをより便利に使いこなしましょう。

[不要なスキルを無効化する]

1 スキルの管理画面を開く

Alexaアプリで「その他」タブで「スキル・ゲーム」→「有効なスキル」をタップします。一覧からスキルを選んでタップします。

2 スキルを無効にする

「スキルを無効にする」をタップし、続いて表示される画面で「無効」をタップします。なお、一部のスキルでは「設定」をタップすると設定変更が可能です。

[フラッシュニュースをカスタマイズする]

1 オン／オフを切り替える

Alexaアプリの「その他」タブで「設定」→「フラッシュニュース」をタップします。右側のスイッチをタップすると、オン／オフを切り替えられます。

2 再生順序を変更する

手順1の画面右上にある「編集」をタップすると、再生順序の設定画面が表示されます。スキル名をロングタッチして上下にドラッグし、順番を変更します。最後に「完了」をタップします。

「定型アクション」でもっと簡単にスキルを呼び出す

スキルを呼び出す場合、「アレクサ、（スキル名）を開いて」のように話しかけます。しかし、スキルによっては名前が長くて発音しにくい場合もあります。そこでぜひ利用したい機能が、「定型アクショ

ン」です。定型アクションでは、さまざまな実行条件を設定し、より簡単にスキルを呼び出せます。ここでは、「開始フレーズ」を変更して、シンプルな言葉で簡単にスキルを呼び出す方法を紹介します。

[スキルを呼び出すフレーズを変更する]

1 新しい定型アクションの作成

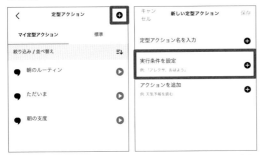

Alexaアプリの「その他」タブで「定型アクション」を開き、右上の「＋」をタップします。次の画面で「実行条件を設定」をタップします。

2 開始フレーズの設定

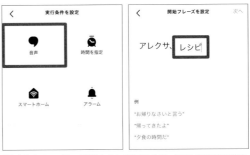

「音声」をタップし、表示された画面で「アレクサ」以降の部分のフレーズ（ここでは「レシピ」）を入力して、「次へ」をタップします。

3 アクションの追加

次の画面で「アクションを追加」をタップし、「スキル」をタップします。

4 呼び出したいスキルを選択

「マイスキル」をタップし、一覧からスキルを選んでタップします。このあと、実行するデバイスを選択して、定型アクションを保存します。

5 指定したフレーズで呼び出す

設定した開始フレーズを話しかければ、スキルを呼び出すことができます。

POINT

時間を指定してスキルを実行

定型アクションを使えば、指定した日時にスキルを自動的に実行することもできます。その場合は手順2で「時間を指定」を選択しましょう。

また、スキル以外のアクションを追加して、連続で実行できるようにすることも可能です。ただし、1つの定型アクションに登録できるスキルは1つだけに限られます。

難しい知識は不要！誰でも簡単に作れる
オリジナルのスキルを
作成してみよう

いろいろなスキルを使っているうちに、「こんなスキルがあればいいのに……」と
思う人もいるでしょう。そこで、好みのスキルを手軽に作る方法を紹介します。

プログラミングの知識がなくてもスキルの作成が可能

Amazonでは、自分でスキルを作ってみたいユーザー向けに「Alexaブループリント」というサービスを提供しています。テンプレートを選択し、画面の説明にしたがってカスタマイズするだけで、オリジナルのスキルを手軽に作成できます。テンプレートには、筋トレなどの運動ができる「パーソナルトレ

ーナー」、誕生日祝いなどのメッセージを送れる「グリーティング」など、さまざまな種類があります。特におすすめなのが「カスタムQ&A」です。うっかり忘れやすいパスワードや、大事なものを収納した場所などをQ&A形式で登録しておけば、Alexaに質問して教えてもらうことができます。

[「Alexaブループリント」でスキルを作成する]

1 テンプレートを選ぶ

Alexaブループリント（https://blueprints.amazon.co.jp/）にアクセスし、作成したいスキルのテンプレートをクリックします。ここでは「カスタムQ&A」を選択しました。

2 スキルの作成を開始

スキルの説明画面が表示されるので、「作成する」をクリックします。なお、サンプルの再生ボタンをクリックすると、音声の応答例を再生できます。

3 不要なサンプルを削除する

テンプレートのカスタマイズ画面が表示されています。あらかじめ用意されているサンプルは、不要なら「×」をクリックして削除しましょう。

4 質問を入力する

「言ってみましょう：アレクサ、」の下に、Alexaへの質問を入力します。別の表現でも質問できるようにしたい場合は、「この質問をほかの言い方で言うと？」の欄に入力します。

5 答えを入力する

質問に対して答えてほしいことを「アレクサの答え」に入力します。「Q&Aを追加する」をクリックすると、さらに質問を追加できます。完了したら、右上の「次へ：スキルを作成」をクリックします。

7 スキルが作成される

スキルの作成が実行されるので、しばらく待ちます。完了すると、このような画面が表示されます。

8 スキルを使ってみる

作成したスキルを使うには、Echoに「アレクサ、わたしの質問を開いて」と話しかけます。Alexaが「質問をどうぞ」と答えたら、設定した質問を発話すると、対応する回答が返ってきます。

6 アカウント情報を設定する

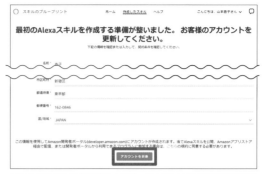

はじめてスキルを作成するときは、アカウント情報の更新が必要です。必要に応じて各項目を修正し、「アカウントを更新」をクリックします。

ATTENTION
使用できる文字の種類に注意

　質問や回答のフレーズで使用できる文字は、ひらがな、カタカナ、漢字のみです。英数字を使いたい場合は、かなや漢数字で入力しましょう。句読点を使いたいときは、半角の「,」（カンマ）や「.」（ピリオド）を使用します。

　また、フレーズはできるだけ短く、覚えやすい文章にします。あまり一般的でない単語を使うと、Alexaがうまく認識できないので注意しましょう。ほかのスキルで使われているフレーズと重複しないようにするのもポイントです。

POINT
スキル名の設定が必要な場合

　「カスタムQ&A」以外のテンプレートでは、作成時にスキル名を設定する必要があります。これによって、同じテンプレートから複数のスキルを作成できるしくみになっています。

スキル名は、ほかのスキルと重複しないように注意し、なるべく短いものを設定しましょう。

1 Amazon EchoとAlexaの基礎知識

2 Amazon Echoの基本操作

3 Amazon Echoで音楽や動画を楽しもう

4 Amazon Echoの機能をスキルで拡張しよう

5 Amazon Echoで家電を操作しよう

6 Amazon Echoの高度な使い方

7 Amazon Echo&Alexaでテレワークを快適に

作成したスキルを編集・共有する

Alexaブループリントで作ったスキルは、「作成したスキル」の一覧に表示されます。ここから管理画面を開いて、スキルの内容を編集したり、不要になったものを削除したりできます。また、別のアカウントのユーザーにスキルを使ってもらいたい場合は、

共有機能を利用しましょう。メールやSNSを使ってリンクを送信すると、受信した相手が自分のアカウントにスキルを追加できます。なお、共有を停止したい場合は、管理画面の「アクセス権限」で「取り消し」をクリックしましょう。

[スキルの管理画面から編集や共有を行う]

1 スキルの管理画面を開く

Alexaブループリントの画面上部にある「作成したスキル」をクリックします。表示される画面で、スキルの名前または右側の「詳細」をクリックします。

2 アクションを選択する

「編集」をクリックすると、スキルの作成時と同様の画面が表示され、内容を変更・修正できます。共有したい場合は「他のユーザーと共有」をクリックしましょう。

3 子ども向けスキルかどうかを指定

共有する場合は、子ども向けスキルかどうかを選択する画面が表示されるので、「はい」または「いいえ」をクリックします。

4 共有方法を選択する

続いて共有方法の選択画面が表示されるので、リンクの送信方法を選びます。なお、「電子メール」でうまく送信できない場合は、「リンクをコピー」をクリックし、手動でメールに貼り付けて送信しましょう。

COLUMN より本格的なスキルを作成・公開するには

Alexaブループリントはスキルの作成を手軽に体験できるのがメリットですが、用意されているテンプレート以外のスキルは作れません。もっと独自性の高いスキルを作成したい場合や、不特定多数のユーザーに公開したい場合は、開発者向けツールの「Alexa Skills Kit」を使う必要があります。プログラミングの知識が要求されるため、一般のユーザーにはハードルが高いですが、興味があればチェックしてみましょう。

「Alexa Skills Kit」は、Amazonの開発者ポータル（https://developer.amazon.com/）から入手できます。開発に必要な情報も、このサイトで提供されています。

CHAPTER 5

Amazon Echoで
家電を操作しよう

Amazon Echoを手に入れた人に、ぜひ使ってほしいのが家電操作の機能です。赤外線リモコンで制御できる家電なら、スマートリモコンと呼ばれる機器を組み合わせることで、Echoからの操作が可能になります。たとえば「電気を消して」とEchoに話しかけるだけで、照明を消灯できるようになるのです。さらに、定型アクションを利用すれば複数の命令を一括で実行できるので、「おはよう」と話しかけて家じゅうの照明とエアコンとテレビをまとめてオンにするといったことも可能です。うまく活用して、快適な生活に役立てましょう。

話しかけるだけで家電をコントロール

Amazon Echoで
家電を操作するための方法

Amazon Echoには、音声による操作で家電をコントロールできる機能があります。
この機能を使うにはどうすればいいのか、まずは基本を知っておきましょう。

家電との連携にはどんな方法があるか知っておこう

最近の家電には、「Amazon Alexaに対応」と謳った製品があります。こういった家電なら、Echoに音声でリクエストするだけで操作でき、大変便利です。しかし、「うちの家電は古いから無理」とあきらめる必要はありません。赤外線リモコンで操作できる家電なら、スマートリモコンと呼ばれる機器を使うことで、Echoからの音声操作が可能になります。また、

電源のオン／オフだけなら、スマートプラグを使って操作する方法もあります。ただし、スマートプラグでの電源オフはコンセントを抜くのと同じことなので、利用に適しているのは扇風機やサーキュレーター、電気スタンドなどに限られます。それぞれの操作方法の概要を図にまとめたので、参考にしてください。

[Echoで家電を操作する主な方法]

方法1　Alexa対応の家電を操作

アレクサ、
ルンバで掃除して

Alexa対応の
家電製品

Wi-Fi

Alexaに対応した家電なら、Echoに話しかけるだけで操作できます。たいていの場合、スキルの追加やスマホ用アプリによる設定が必要です。

方法2　スマートリモコン経由で操作

アレクサ、
テレビをつけて

スマートリモコン

赤外線

Wi-Fi・
インター
ネット

赤外線リモコン
対応の家電

赤外線リモコンで操作できる家電なら、Alexaに対応したスマートリモコンを利用すれば、Echoから音声で操作できます

方法3　スマートプラグを使って操作

アレクサ、
扇風機を回して

スマートプラグ

電源コード

Wi-Fi

一般的な家電

電源のオン／オフだけで使える家電なら、スマートプラグを利用する方法もあります。扇風機や電気スタンドなどに適しています。

POINT
スマートホームハブって何?

Amazon Echoシリーズの最新モデルのうち、Echo（第4世代）、Echo Studio、Echo Show 10は「Zigbee」という規格に対応したスマートホームハブを内蔵しています。「デバイスを探して」と話しかけるだけでスマート家電を自動的に検出し、簡単に連携させることが可能です。ただ、Zigbee対応の家電は非常に少なく、現状ではほとんどメリットを感じられません。スマートホームハブ非搭載の機種でも家電との連携機能は使えるので、あまり重視する必要はないでしょう。

おすすめのスマートリモコン&スマートプラグ

各種センサー搭載の高機能モデル

Nature
Nature Remo 3
実勢価格：9980円

スマートリモコンの中でも人気の高い製品の1つ。人感センサーや温度・湿度・照度センサー、GPS連携機能も搭載し、状況に応じて家電を自動的にコントロールできます。

壁掛けで設置しやすい軽量タイプ

ラトックシステム
RS-WFIREX4
実勢価格：6000円

手のひらサイズのコンパクトなスマートリモコン。赤外線の届く距離が30mと長く、スムーズに家電を操作できます。簡単に家電を登録できるプリセットも豊富です。

ワンタッチでEchoと連携できる

リンクジャパン
eRemote5
実勢価格：6800円

Alexaアプリで操作しなくても、Echoとの連携設定が簡単にできるのが特徴です。音声コマンドのほかに、温湿度センサーやGPSと連動した操作にも対応しています。

雲のようなデザインがユニーク

Wonderlabs
SwitchBot Hub Plus
実勢価格：5980円

雲形のデザインが特徴のスマートリモコン。手持ちのリモコンを簡単に登録できるスマートラーニング機能を搭載しています。色とりどりのLEDが点灯し、インテリアとしても楽しめます。

定型アクションで便利に使える

Amazon
スマートプラグ
実勢価格：1980円

Alexaとの連携に特化した、Amazon純正のスマートプラグです。定型アクションを設定して、自動的に電源のオン／オフを切り替えることも可能です。

スケジュール・タイマー機能を搭載

TP-Link
Tapo P105
実勢価格：1200円

隣のコンセントに干渉しない、コンパクト設計のスマートプラグ。タイマー機能搭載で、「10分後にライトを消して」といったコマンドも使えます。

COLUMN 物理スイッチをEchoから音声で操作する

「SwitchBot」は、Echoから操作して物理スイッチを押せるユニークな製品です。電気ポットやお風呂の給湯器、壁の照明スイッチなど、リモコンに対応していない製品のスイッチを音声で操作できます。利用するには、上で紹介した「SwitchBot Hub Plus」または「SwitchBot Hub Mini」が別途必要です。

Wonderlabs
SwitchBot
実勢価格：3980円

押すだけでなく引き上げる操作も可能で、さまざまなスイッチに使えます。

1 Amazon EchoとAlexaの基礎知識
2 Amazon Echoの基本操作
3 Amazon Echoで音楽や動画を楽しもう
4 Amazon Echoの機能をスキルで拡張しよう
5 Amazon Echoで家電を操作しよう
6 Amazon Echoの高度な使い方
7 Amazon Echo&Alexaでテレワークを快適に

手が離せないときでも音声でコントロール

Amazon Echoに対応した家電製品

Amazon Echoなどのスマートスピーカーの普及が進むにつれ、連携して音声操作できる
家電製品も増えてきました。ここでは代表的なものを紹介します。

Echoとの連携機能を標準搭載した製品を紹介

スマートスピーカー対応の家電製品は、リモコンを使うよりも気軽に、Amazon Echoシリーズを介して音声でコントロールできます。電源のオン／オフといった単純な操作はもちろん、温度や明るさのような細かな設定を変更したり、クラウドとの連携や検索などの機能が使えるものあります。Echoと連携させる方法は製品によって異なりますが、スマホ用アプリやスキルの追加が必要なのが一般的です。詳細はメーカーのウェブサイトや製品の取扱説明書などを参照してください。

[Alexaに対応した代表的な家電製品]

ヘルシオホットクックの人気モデル

シャープ
KN-HW16F
実勢価格：5万4750円

素材と調味料を入れるだけで料理できる水なし自動調理鍋。シャープのIoTサービス「COCORO KITCHEN」との連携により、音声でメニューの検索などが可能です。

挽きたてのコーヒーを全自動で

プラススタイル
PS-CFE-W01
実勢価格：1万1800円

豆から挽きたてのコーヒーを全自動で淹れてくれるコーヒーメーカーです。タイマー設定のほか、Echoに話しかけて操作することもでき、朝など忙しいときにピッタリです。

加熱方法などを音声で指示

東芝
ER-WD7000
実勢価格：18万4800円
※2021年6月発売予定

自動調理機能の「石窯おまかせ焼き」を搭載した過熱水蒸気オーブンレンジ。「IoLIFE」スキルを使ってEchoと連携でき、音声で操作できます。

洗濯の終了時間が音声でわかる

シャープ
ES-W113
実勢価格：23万2400円

プラズマクラスター搭載のドラム式洗濯乾燥機。「洗濯いつ終わる？」と話しかけて、終了時間を確認できる機能が便利です。天候に応じた洗濯のアドバイスもしてくれます。

声で操作できるロボット掃除機

アイロボット
ルンバ s9+
実勢価格：18万6780円

新デザインと高性能センサーで、部屋の隅まできれいに清掃できるルンバの最新モデル。Echoに話しかけるだけで運転を開始でき、ハンズフリーで掃除ができます。

無線LAN対応のガス給湯器用リモコン

ノーリツ
RC-G001EW
実勢価格：3万9580円

浴室と台所の壁に設置し、ガス給湯器を操作するためのリモコンです。無線LAN機能を内蔵し、風呂のお湯はりや追い焚きなどの開始／停止を音声で操作できます。

ハンズフリーでエアコンを操作

パナソニック
CS-X401D2
実勢価格：
30万5800円

「ナノイーX」と「新・エネチャージ」を搭載した高性能エアコン。スマホの「エオリアアプリ」を使ってEchoと連携すれば、運転のオン／オフや設定温度の変更などを音声で行えます。

空気の状態を音声でチェック

ダイキン工業
MCZ70X-T
実勢価格：11万4880円

除湿・加湿・集塵・脱臭を1台で行う空気清浄機。空気の質を診断して自動的に最適なモードで運転します。動作指示のほか、空気の汚れや温度、湿度の確認も音声で可能です。

音声操作に対応した有機ELテレビ

ソニー
XRJ-55A90J
実勢価格：39万8000円

認知特性プロセッサー「XR」で自然な映像美を表現する、4K有機ELテレビのフラッグシップモデル。Echoとの連携により、電源のオン／オフや音量調整、チャンネル切り替えが可能です。

3次元サウンドを簡単操作で堪能

ヤマハ
RX-V6A
実勢価格：6万5000円

高音質な3次元サウンドを楽しめる7.1chAVレシーバー。音声指示で電源のオン／オフ、音量調整、入力切り替えなどが可能です。Amazon MusicやSpotifyにも対応しています。

Alexaを搭載したカーオーディオ

パイオニア
DMH-SZ700
実勢価格：9万9800円

ディスプレイ付きの車載用オーディオユニット。本体にAlexaを内蔵しているので、音楽再生やラジオ、ニュースなど、さまざまな機能をハンズフリーで呼び出せます。

Echo Showと連携して映像を確認

TP-Link
Tapo C200
実勢価格：4190円

暗所撮影や動体検知、双方向通話に対応したネットワークカメラ。Echo Showシリーズとの連携が可能で、「リビングを見せて」などと話しかけて映像を確認できます。

話しかけるだけで印刷できる

キヤノン
PIXUS XK90
実勢価格：2万9500円

音声操作に対応したインクジェット複合機。Echo経由で電源のオン／オフや状態の確認ができるほか、キヤノンがクラウドで提供するコンテンツの印刷も可能です。

調光や調色が音声操作でOK

プラススタイル
PS-BSL-W01
実勢価格：4380円

電源のオン／オフや調光、調色などを音声で操作できるLEDベッドサイドランプ。ホワイトとカラーでそれぞれのLEDを使い、色温度や色相、彩度を自由に変更できます。

1 Amazon EchoとAlexaの基礎知識
2 Amazon Echoの基本操作
3 Amazon Echoで音楽や動画を楽しもう
4 Amazon Echoの機能をスキルで拡張しよう
5 Amazon Echoで家電を操作しよう
6 Amazon Echoの高度な使い方
7 Amazon EchoとAlexaでテレワークを快適に

Echoに話しかけて家電を操作できる！

スマートリモコンで
テレビやエアコンを操作する

スマートリモコンは、家電の赤外線リモコンの代わりになります。
Amazon Echoと連携させれば、家電製品を声で操作できます。

赤外線リモコンをEchoで代用する

スマートリモコンとは、家電製品の赤外線リモコンの内容を登録し、スマホなどから操作できるようにする機器です。家電ごとに分かれているリモコンを1つにまとめられたり、複数の操作をワンタッチでできるようになるなど、家電の操作がとてもスマートになります。

「Nature Remo 3」は、Echoに対応したスマートリモコンで、連携させるとEchoに話しかけて家電を操作できます。Echoと連携するには、はじめにNature Remoアプリを設定して家電を登録します。

［ 「Nature Remo 3」を初期設定する ］

1 新しい家電を追加する

Nature Remoアプリを起動し、画面の指示にしたがって初期設定を行ってメールアドレスを設定します。これらの設定が終わったら、画面右上にある「＋」→「新しい家電を追加する」をタップします。

2 家電の種類を選択する

家電の種類が表示されるので、登録する家電を選択します。ここでは「テレビ」をタップします。

3 家電のリモコンを操作する

次の画面が表示されたら、登録する家電の赤外線リモコンをNature Remoに近づけてリモコンの電源ボタンを押します。

4 リモコンの動作を確認する

リモコンが認識され、テストのボタンが表示されます。このボタンをタップし、テレビの電源が入ったら「動きます」をタップします。電源が入らない場合は「動きません」をタップして再度リモコンを認識させます。

5 家電を登録する

リモコンの登録画面が表示されるので、リモコンのアイコンと名前を設定して「保存」をタップします。これでNature Remoアプリからテレビを操作できるようになりました。他の家電を追加する場合は、同じ手順で追加します。

Nature
Nature Remo 3

音声アシスタント：Alexa／Google／Siri
インターフェイス：IEEE802.11b/g/n
(2.4GHz帯)　電源：micro USB経由　サイズ：70×70×18mm　重量：約40g

 Nature Remo
開発者：Nature, Inc.
価格：無料

 iOS　 Android

EchoとNature Remo 3を連携する

Nature Remoアプリに家電を追加できたら、そのままAlexaとの連携を設定します。以前はスキルを先に追加しなければならなかったのですが、現在ではNature Remoアプリ上で実行できます。

あとから家電を登録した場合は、Alexaアプリから手動で家電を検出する必要があります。つい忘れがちなので、家電を追加した場合は必ず検出するようにしましょう。

［ Nature Remoのスキルを有効にする ］

1 設定を開始する

Nature Remoアプリを起動し、画面右下の「設定」→「Amazon Alexa」をタップします。

2 Alexaのセットアップに移行する

「セットアップ」をタップすると、自動的にAlexaアプリに移動します。

3 Alexaアプリで連携する

ここで「リンクする」をタップすると、Nature RemoスキルでAlexaとの連携が実行されます。

4 Echoで家電を操作する

Echoに話しかけて家電を操作します。テレビをつける場合は、「アレクサ、テレビをつけて」のように話しかけます。

［ セットアップ後に家電を追加する ］

1 セットアップする機器を選択する

Nature Remoに家電を追加登録した場合は、Alexaアプリの「デバイス」タブを開き、画面右上の「＋」→「デバイスを追加」をタップし、セットアップしたい機器をタップします。

2 機器を検出して設定する

機器の種類を選択したあと、「デバイスを検出」をタップして追加した家電を探します。検出できたら「デバイスをセットアップ」をタップして設定します。

複数の操作をまとめて実行する

定型アクションで テレビやエアコンを操作する

一度に複数の家電を操作したいとき、定型アクションが便利です。
特定のフレーズで実行したり、特定の時間に操作したりできます。

急いでいるときに複数の家電を一括操作

外出前にテレビと照明を消して、エアコンをオフにしたいとき、いちいちEchoに話しかけていては面倒です。そんなときは38ページで紹介した「定型アクション」を利用して、複数の家電を一度に操作するのがおすすめです。ここでは、帰宅時に「アレクサ、帰ってきたよ」と話しかけて、照明とテレビ、エアコンをまとめてオンにする方法を紹介しますが、詳しい設定方法は38ページを参照してください。

[定型アクションを作成する]

1 アクションを追加する

「名前」と「実行条件」を設定したら「アクションを追加」をタップし、次の画面で「スマートホーム」をタップします。

2 操作したい機器を選択する

「デバイスを選択」画面で操作したい機器をタップし、オン／オフなどを設定します。まとめて操作したい機器を登録できたら、「<」をタップします。

3 動作を確認する

アレクサ、帰ってきたよ

（定型アクションを実行）

Echoに「アレクサ、（フレーズ）」と話しかけて設定した操作が実行されるか確認します。

POINT

認識されなかった場合は？

定型アクションの動作を確認した際、「よくわかりませんでした」などの返事があった場合、定型アクションのフレーズが認識されていないので、単純なフレーズに変更します。

「その他」タブ→「定型アクション」を開き、定型アクション名をタップすると定型アクションを編集画面が表示されます。フレーズをタップするとフレーズを修正できます。

決まった時間に定型アクションを実行する

定型アクションは、決まった時刻に実行するものも作成できます。たとえば、毎朝定時に照明とエアコンをオンにしたいなら、時刻と家電の操作を定型アクションに設定します。

また、時刻だけでなく、「毎日」や「週末」のように、決まった曜日に実行するように指定することもできます。平日のみ毎朝定型アクションを実行するといった設定も可能です。

[スケジュールを指定した定型アクションを作成する]

1 実行条件を選択する

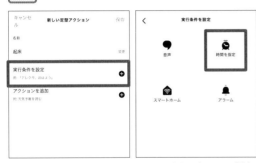

定型アクションの作成で、定型アクション名を設定したら「実行条件を設定」をタップします。ここでは指定時刻にアクションを実行するので、「時間を指定」をタップします。

2 実行する曜日を設定する

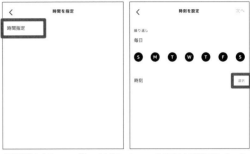

「時間指定」をタップし、定型アクションを実行する曜日をオンのままにしておき、実行しない曜日をタップしてオフにしたら、「選択」をタップします。

3 実行する時間を設定する

時計をドラッグして、定型アクションを実行したい時刻を設定できたら、右上の「次へ」をタップします。

4 デバイスを設定する

定型アクションで実行する家電などの操作を設定します。「アクションを追加」をタップし、次の「新規」画面で操作したい家電やそのほかの動作を選択します。

5 動作を確認する

設定が完了したら「保存」をタップします。定型アクション画面に戻るので、作成した定型アクションの右にあるアイコンをタップして動作を確認します。

POINT

アラームを止めたときに定型アクションを実行する

指定した時刻に定型アクションを実行するのではなく、「アラームを止めたとき」に実行するという設定も可能です。休みや起床時刻が不定期な人に非常に便利でしょう。

実行操作の設定で「アラーム」を選択します。これでアラームを停止したときに実行する定型アクションを設定することができます。

画面付きEchoで家電を操作する

Echo Dotなど音声による操作しか受け付けないモデルでは、家電を操作するには話しかけるしかありません。しかし、Echo Showシリーズのような画面付きモデルなら、話しかけるのではなく画面をタッチして操作することで、家電をコントロールすることができます。テレビの音が聞こえるときなど、Echoに呼びかけるとほかの声と干渉してしまいそうな場合に、タッチ操作は便利です。

1 コントロール画面を表示する

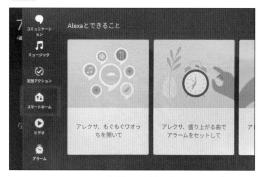

ここではEcho Show 10を使った手順を解説しますが、Echo Show 5/8でも画面はほぼ同じです。まず画面の右端から左にスワイプすると、このような画面が表示されます。ここで「スマートホーム」をタップします。

2 最近操作した家電が表示される

最近操作した家電のリストが表示されます。タップして電源をオン／オフすることができます。ここに表示されていない家電を操作したいときは「デバイス」をタップします。

3 すべての家電が表示される

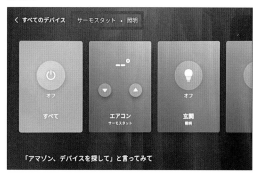

Alexaに登録されているすべての家電が表示されます。上の「サーモスタット」をタップすればエアコン、「照明」をタップすればシーリングライトのみ表示できます。

COLUMN 1つのリモコンで隣の部屋の家電も操作する

スマートリモコンで隣の部屋の家電も操作したいなら、赤外線リモコンリピーターを使ってみましょう。スマートリモコンの近くに受光器を起き、ケーブルのもう一端の送光器を隣の部屋の家電に向けて置けば操作可能になります。

リピーターには電源供給用のUSBケーブルが付属しています。単純なしくみなので、1000円以下の製品でも十分使えます。

CHAPTER 6

Amazon Echoの
高度な使い方

Amazon Echoとオンラインサービスを連携したい場合、「IFTTT」とい
うサービス上で小さなプログラム（アプレットといいます）を利用する
のが近道です。連携設定を行うと、Echoに話しかけたことをきっかけと
して、あらかじめ用意していたアプレットが実行されます。たとえば、
EchoでAmazon Musicの楽曲を再生したら、曲名をGoogleスプレッド
シートに記録するアプレットを使えば、聴いているときに曲名がわから
なくてもあとで確認できます。また、Echoの買い物リストをメールなど
でスマホに送信するアプレットも提供されています。本章では、そうい
った便利なアプレットも紹介します。

Echoとさまざまなサービスを連携

IFTTTでEchoを
もっと便利にする

Amazon Echoでできることを増やし、より便利に使いたいなら、「IFTTT」を利用しましょう。
ウェブサービスとの連携など、活用の幅がさらに広がります。

IFTTTでEchoをさらにパワーアップする

「IFTTT」は「If This, Then That」の略で、「もし○○なら××する」という意味の名称を持つサービスです。名前が示すとおり、「特定の条件が満たされたとき、あらかじめ設定しておいた動作を自動的に実行する」という機能を提供してくれます。この条件を「トリガー」、実行する動作を「アクション」と呼びます。そして、トリガーとアクションを組み合わせたものを「アプレット」といいます。IFTTTには、Amazon Echoに対応したアプレットも多数用意されています。Echoに機能を追加するという点ではスキルと似ていますが、種類が非常に多いため、スキルが提供されていないウェブサービスやIoT機器との連携も可能です。また、柔軟なカスタマイズが可能なので、スキルでは難しい複雑な操作も実行できます。

Echoに対応したアプレットが豊富

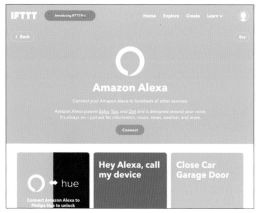

IFTTT（https://ifttt.com/）では、Amazon Echoに対応したアプレットがたくさん公開されています。これらを活用することで、Echoをより便利に使えるようになります。

[**アプレットとはどういうものか知っておこう**]

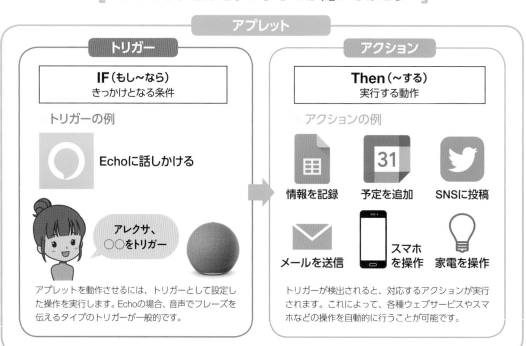

アプレット

トリガー

IF（もし〜なら）
きっかけとなる条件

トリガーの例

Echoに話しかける

アレクサ、○○をトリガー

アプレットを動作させるには、トリガーとして設定した操作を実行します。Echoの場合、音声でフレーズを伝えるタイプのトリガーが一般的です。

アクション

Then（〜する）
実行する動作

アクションの例

情報を記録　予定を追加　SNSに投稿

メールを送信　スマホを操作　家電を操作

トリガーが検出されると、対応するアクションが実行されます。これによって、各種ウェブサービスやスマホなどの操作を自動的に行うことが可能です。

IFTTTを使い始めるための準備

IFTTTを利用するには、まずアカウントを作成してサインインする必要があります。ここではパソコンのブラウザーから登録する方法を説明しますが、

スマホからの登録も可能です。また、メールアドレスで登録する以外に、Googleなどのアカウントを使ってサインインすることもできます。

[IFTTTのアカウントを作成する]

1 メールアドレスを入力

IFTTTにアクセスし、トップページにある入力欄にメールアドレスを入力して「Get Started」をクリックします。なお、Apple IDやGoogleアカウント、Facebookのアカウントで登録することもできます。

2 パスワードを設定する

「Set your password」画面が表示されたら、使用したいパスワードを入力し、「Sign up」をクリックします。

3 画像認証を行う

不正な登録を防ぐための画像認証が表示されるので、指示にしたがって画像を選択し、「確認」をクリックします。

4 アカウントの登録が完了

これでアカウントの作成は完了です。有料版や連携サービスなどの紹介が表示されますが、興味がなければ「Skip」をクリックしましょう。

POINT

スマホでIFTTTを利用する

IFTTTには、iOS/Android版のアプリもあります。スマホを操作するアプレットの場合、アプリが必要になることもあるので、インストールしておきましょう。

「Continue」をタップすると、アカウントの作成やサインインができます。

IFTTT
開発者：IFTTT
価格：無料

iOS　Android

COLUMN 有料の「IFTTT Pro」が開始

従来、IFTTTのサービスは無料で提供されてきましたが、2020年9月から有料プランの「IFTTT Pro」（月額3.99米ドル）が開始されました。有料プランでは、1つのトリガーに対して複数のアクションを設定できます。また、自作アプレットを点数の制限なしに作成可能です（無料プランでは3つまでに制限されます）。

トップページの「Upgrade」をクリックすると、有料版の申し込み画面が表示されます。最初の7日間は無料で試せます。

右側縦書きタブ：
1 Amazon EchoとAlexaの基礎知識
2 Amazon Echoの基本操作
3 Amazon Echoで音楽や動画を楽しもう
4 Amazon Echoの機能をスキルで拡張しよう
5 Amazon Echoで家電を操作しよう
6 Amazon Echoの高度な使い方
7 Amazon Echo&Alexaでテレワークを快適に

アプレットを利用するための基本的な手順を覚えよう

IFTTTのアプレットを
使ってみよう

IFTTTを利用する準備ができたら、さっそくアプレットを使ってみましょう。
簡単な設定で使えるアプレットを例に、Echoと連携させる手順を説明します。

Echoで再生した曲をスプレッドシートに記録する

ここでは「Keep a Google spreadsheet of the songs you listen to on Alexa」というアプレットを例に、基本的な使い方を説明します。このアプレットは、Echoで再生した曲の情報をGoogleスプレッドシートに自動で記録します。「偶然流れてきた曲が気に入ったので、曲名を知りたい」という場合に、あとから確認できて便利です。なお、対応する音楽配信サービスはAmazon Music のみです。

アプレットを探すには、名称などを入力して検索します。本書で紹介しているアプレットなら、URLを直接入力するか、スマホでQRコードを読み取ってアクセスすることも可能です。

また、AlexaやGoogleと連携するアプレットをはじめて使うときは、各アカウントとのリンクを許可する必要があります。同じサービスと連携するアプレットなら、次回以降は簡単に設定できます。

[アプレットを検索して有効にする]

1 アプレットの検索を開始

IFTTTの画面上部にある「Explore」をクリックします。表示される画面で、検索ボックスにアプレットの名前（一部でも可）などを入力します。

2 使いたいアプレットを選択

ここでは「Keep a Google spreadsheet of the songs」と入力して検索しました。検索結果が表示されたら、目的のアプレットをクリックします。

3 アプレットを有効にする

アプレットの説明画面が表示されるので、「Connect」をクリックします。

4 Amazonのアカウントでログイン

Alexaと連携するアプレットをはじめて使うときは、Amazonのログイン画面が表示されるので、アカウントとパスワードを入力して「ログイン」をクリックします。

Keep a Google spreadsheet of the songs you listen to on Alexa

開発者：amazon_alexa　価格：無料
URL：https://ifttt.com/applets/NVpj5h4G

5 情報へのアクセスを許可

アカウント情報へのアクセスを求められるので、内容を確認して「許可」をクリックします。

6 Googleアカウントと連携

次に、Googleアカウントとのリンクを設定します。アカウントを選択してログインし、そのあと表示される画面で「許可」をクリックしましょう。

7 アプレットが有効になる

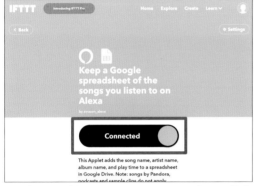

設定が完了すれば「Connected」と表示され、アプレットが有効になります。

> **POINT**
> ### さらに設定が必要な場合
>
> アプレットによっては、アカウントのリンク以外にも設定が必要なことがあります。設定画面が表示された場合は、説明にしたがって必要事項を指定しましょう。なお、アプレットを有効にしたあとの画面で「Settings」をクリックして設定画面を開くこともできます。

[アプレットの動作を確認してみよう]

1 Echoで音楽を再生する

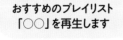

このアプレットは、EchoでAmazon Musicの音楽を再生することがトリガーとなるため、実行時に特別な操作は不要です。普段と同じように曲を再生しましょう。するとアプレットが自動的に動作し、曲の情報が送信されます。

2 曲のリストが記録される

Googleドライブに「Amazon Alexa」フォルダーが作成され、その中の「Songs played」というスプレッドシートに曲の情報（再生日時、アーティスト名、曲名、アルバム名）が記録されます。

音声がトリガーになるタイプのアプレットを使う

IFTTTのアプレットには、Echoに「アレクサ、〇〇（フレーズ）をトリガー」と話しかけて動作させるタイプもあります。デフォルトではフレーズが英語になっているものが大半ですが、Echoを日本語で利用している場合、英語だと正しく認識されません。そこで、あらかじめ日本語のフレーズに変更しておきましょう。

ここでは「Hey Alexa, call my device」というアプレットを例に設定方法を説明します。このアプレットは、自分のスマホにIFTTTからVoIP電話をかけてもらい、着信音を鳴らして置き場所を探すためのものです。なお、利用するにはスマホにIFTTTアプリをインストールしてサインインしておく必要があります。

[日本語のフレーズでアプレットを動作させる]

1 アプレットを有効にする

IFTTTの「Explore」画面で「Hey Alexa, call my device」を検索し、「Connect」をクリックします。

2 設定画面が表示される

このような設定画面が表示されるので、スクロールして下のほうへ移動します。

3 日本語のフレーズに変更する

「What phrase?」欄に入力されているフレーズを、日本語に変更します。ここでは「電話を鳴らす」と入力しました。完了したら「Save」をクリックします。

4 Echoにフレーズを伝える

設定が完了したら、アプレットを使ってみましょう。Echoに「アレクサ、電話を鳴らすをトリガー」のように話しかけます。正しく認識されると、「イフトに送信します」と応答があります。

5 スマホで着信音が鳴る

アプレットが正常に動作すれば、スマホにIFTTTからの着信があります。応答すれば合成音声でメッセージが流れますが、すぐに切っても問題ありません。

Hey Alexa, call my device
開発者：IFTTT　価格：無料
URL：https://ifttt.com/applets/cgE8TyKx/

ATTENTION
フレーズがうまく認識されない場合

フレーズが正しく認識されなかった場合、Echoが「そのイフトトリガーが見つかりません」と応答し、アプレットが動作しません。何度も失敗するなら、フレーズを変更してみましょう。できるだけ短い文章で、一般的な単語のみを使うのがコツです。漢字・ひらがななどの表記を変えると認識される場合もあります。

登録済みのアプレットを管理する

登録したアプレットは「My Applets」の一覧に表示され、ここから設定変更などを行うことができます。たとえば、アプレットをいくつか試して比較したいとき、似たような機能のアプレットが複数オンになっていると、動作がわかりにくくなります。そんなときは一時的にアプレットをオフにしておきましょう。また、不要なアプレットをアーカイブすると、「My Applets」の一覧から削除できます。

[アプレットの停止や設定変更を行う]

1 アプレットを選択する

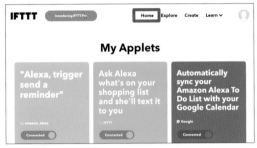

IFTTTの「Home」画面を開き、「My Applets」の一覧からアプレットを選んでクリックします。

2 アプレットを一時的にオフにする

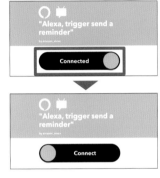

アプレットを一時的にオフにしたい場合は、「Connected」をクリックします。少し待つと表示が「Connect」に変わり、動作が停止します。無効にしたアプレットは、「My Applets」の最下部にグレーで表示されます。

3 設定を確認・変更する

アプレットの設定を確認・変更したい場合は、右上の「Settings」をクリックします。

4 不要なアプレットを整理する

設定画面の最下部にある「Archive」をクリックし、確認メッセージが表示されたら「OK」をクリックします。なお、画面右上のアカウント画像→「Archive」をクリックすると、アーカイブの一覧が表示され、元に戻すことも可能です。

COLUMN 連携サービスの設定を変更する

IFTTTと連携させたサービスのパスワードなどを変更した場合、そのままではアプレットが動作しなくなります。そこで、設定を変更する方法を覚えておきましょう。別のアカウントへの変更や、不要になったアカウントの削除も可能です。特定のサービスと連携するアプレットが正常に動作しないとき、いったんアカウントを削除して設定し直すと解決する場合もあります。

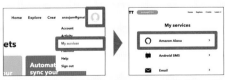

画面右上のアカウント画像→「My services」をクリックし、サービス（ここでは「Amazon Alexa」）を選択します。このあと「Settings」をクリックします。

「Edit」をクリックすると、各サービスのログイン画面が表示され、設定を変更できます。連携設定を削除する場合は「Remove ～（サービス名）」をクリックします。

1 Amazon EchoとAlexaの基礎知識

2 Amazon Echoの基本操作

3 Amazon Echoで音楽や動画を楽しもう

4 Amazon Echoの機能をスキルで拡張しよう

5 Amazon Echoで家電を操作しよう

6 Amazon Echoの高度な使い方

7 Amazon Echo&Alexaでテレワークを快適に

便利なアプレットを試してみよう！

Echoの活用に役立つ
おすすめアプレット

IFTTTでは、たくさんの便利なアプレットが公開されています。その中から、Amazon Echoと
組み合わせて使いたいおすすめのアプレットを紹介します。

国内で使える動作確認済みのアプレットを紹介

IFTTTには多数のアプレットが用意されていますが、名称や説明文が英語になっているものが大半なので、不慣れなうちは探すのが難しいかもしれません。また、Amazon Echoに対応しているアプレットでも、日本では使えないものもあります。そこで、国内でも利用可能なアプレットの中から、おすすめのものをピックアップして紹介します。気になるものがあれば、ぜひ試してみてください。

「やることリスト」の項目をGoogleカレンダーに追加

Alexaの「やることリスト」を、Googleカレンダーと同期するためのアプレットです。Echoに「アレクサ、やることリストに〇〇を追加」と話しかけると、追加したタスクがGoogleカレンダーにも登録されます。なお、タスクの日時は自動的に設定されるので、必要に応じて変更しておきましょう。

Automatically sync your Amazon Alexa To Do List with your Google Calendar

開発者：Google　価格：無料
URL：https://ifttt.com/applets/UpRgMNhm

設定画面の「Which calendar?」でカレンダーを指定すると、Echoで追加したタスクがそのカレンダーに登録されます。

「やることリスト」をiPhoneのリマインダーと同期

iPhoneの「リマインダー」でタスクを管理したい人におすすめのアプレットです。Alexaの「やることリスト」に追加した項目を、自動的に「リマインダー」に登録できます。このアプレットを利用するには、iPhoneにインストールした「IFTTT」アプリで設定を行う必要があります。

Sync your Amazon Alexa to-dos with your reminders

開発者：IFTTT　価格：無料
URL：https://ifttt.com/applets/ieCE52WK

「List Name」で登録先のリストを指定します。「Priority」で優先度を設定することも可能です。

Echoで「やることリスト」に追加したタスクが、指定したリストに登録されます。なお、同期には多少時間がかかります。

「やることリスト」を追加したらスマホに通知

Alexaの「やることリスト」に新しい項目を追加すると、スマホに通知してくれるアプレットです。自宅のEchoでやることを追加したとき、外出中の家族にも知らせたい、という場合に使うと便利です。iPhoneでもAndroidでも利用でき、複数のスマホに通知が届くようにすることも可能です。

Receive an IF notification when an item is added to your Alexa To Do list.
開発者：amazon_alexa　価格：無料
URL：https://ifttt.com/applets/qtf2F3eK

このアプレットを使うには、通知を受け取りたいスマホにIFTTTアプリをインストールしておく必要があります。

「やることリスト」に項目を追加すると、このような通知が届きます。

「買い物リスト」の内容をSMSで送信する

買い物リストの内容をSMS（ショートメッセージ）で受信するためのアプレットです。Echoに「アレクサ、買い物リストに何がある？」などと質問すると、あらかじめ指定した電話番号にSMSが届きます。出かける前にこのアプレットを実行しておけば、リストを見ながら買い物ができて便利です。

Ask Alexa what's on your shopping list and she'll text it to you
開発者：IFTTT　価格：無料
URL：https://ifttt.com/applets/cBkh79yu

アプレットを有効にし、SMSを受信するための電話番号を設定します（下のPOINT参照）。

Alexaに買い物リストの内容をたずねると、このようにSMSが送られてきます。

POINT

SMSを受信するための電話番号を設定する

IFTTTからSMSが送られてくるタイプのアプレットを使うには、送信先としてスマホの電話番号を登録する必要があります。このSMSは海外から届くので、先頭に「00」＋国番号（日本の場合は「81」）を付け、電話番号の最初の「0」を省いて入力しましょう。電話番号が「080-xxxx-xxxx」なら、「008180xxxxxxxx」と入力します。

電話番号を送信すると、本人確認のためにSMSでPIN（4桁の番号）が送られてきます。その番号を入力して認証を行えば、設定が完了します。

「0081」の後ろに、電話番号の先頭の「0」を除いて入力し、[Send PIN]をクリックします。このあとSMSで届いたPINを入力し、[Connect]をクリックしましょう。

1 Amazon EchoとAlexaの基礎知識
2 Amazon Echoの基本操作
3 Amazon Echoで音楽や動画を楽しもう
4 Amazon Echoの機能をスキルで拡張しよう
5 Amazon Echoで家電を操作しよう
6 Amazon Echoの高度な使い方
7 Amazon Echo&Alexaでテレワークを快適に

Echoで再生した曲をSpotifyのプレイリストに追加

EchoでAmazon Musicの音楽を再生すると、その曲をSpotifyで自動検索し、プレイリストに追加してくれるアプレットです。ただし、Spotifyで配信されていない曲はスキップされます。また、曲名がカタカナ表記か英語表記かといった違いによって、うまく登録されないこともあります。

設定画面の「Playlist name」で、曲を追加したいプレイリストの名前を入力します。

Add songs played by Alexa to a Spotify playlist

開発者：Spotify　価格：無料
URL：https://ifttt.com/applets/uhBbQHFv

Echoで曲を再生すると、プレイリストに追加されます。指定した名前のプレイリストが存在しない場合は、自動的に作成されます。

Echoのタイマーが鳴ったらスマホに通知

Echoにはタイマーの機能がありますが、離れた場所にいると音が鳴っても気づかないことがあります。そんなときに役立つのが、このアプレットです。タイマーをセットした時間が過ぎるとスマホに通知が届き、バナーやサウンドで知らせてくれます。iPhone、Androidのどちらでも利用可能です。

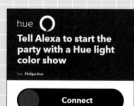

このアプレットを使うには、スマホにIFTTTアプリをインストールしておく必要があります。

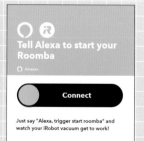

Receive a notification on your phone when your Amazon Alexa timer goes off

開発者：amazon_alexa　価格：無料
URL：https://ifttt.com/applets/c87TtyVc

タイマーをセットした時間になると、スマホにこのような通知が表示されます。

POINT

Echoと家電を連携させるアプレット

IFTTTでは、Echoを使ってIoT機器を操作するためのアプレットも多数提供されています。こういった用途には、メーカー製のアプリやスキルを使うのが一般的ですが、アプレットを利用することで柔軟なカスタマイズが可能になるのがメリットです。メーカー公式のアプレットのほか、ユーザーが独自に作成したユニークな機能を持つものもあります。興味があれば、メーカー名や製品名で検索して探してみましょう。

フィリップスのスマート電球「hue」に対応したアプレットは、豊富な種類が提供されています。

ロボット掃除機のルンバを操作するためのアプレットもあります。

「買い物リスト」をGmailのアドレスから送信

Alexaに「買い物リスト」の内容を確認すると、メールで一覧を送信してくれるアプレットです。複数の宛先を指定できるので、自分だけでなく家族にも送信でき、買い物を頼みたいときに便利です。メールの送信にはGmailのアドレスが使われるため、アカウントを登録しておく必要があります。

Tell Alexa to email you your shopping list

開発者：amazon_alexa　価格：無料
URL：https://ifttt.com/applets/rABwVytC

「アレクサ、買い物リストを教えて」などと話しかけると、メールが送信されます。

複数の宛先を指定する場合は、カンマかスペースで区切って入力します。Toのほか、CCやBCCも指定できます。

AndroidスマホからSMSで定型文を送信

Android搭載のスマホから、SMSで定型文を送るためのアプレットです。トリガーとなるフレーズを設定しておき、Echoに「アレクサ、○○をトリガー」と話しかければ、登録しておいたメッセージを送信できます。利用するには、送信元のスマホにIFTTTアプリをインストールしておく必要があります。

"Alexa, trigger send a reminder"

開発者：amazon_alexa　価格：無料
URL：https://ifttt.com/applets/pmpXSRwz

トリガーとなるフレーズを設定したあと、送信先の電話番号とメッセージを登録します。

Echoにフレーズを話しかければ、SMSが送信されます。

COLUMN アプレットを定型アクションに登録する

IFTTTのアプレットは、Alexaの定型アクションに対応しています。アプレットの中には、トリガーが英語のフレーズになっていて変更できないものがありますが、定型アクションを利用すれば日本語のフレーズで呼び出せるようになります。また、時間を指定してアプレットを実行したり、別の機能と同時に実行したりすることも可能です。うまく活用すれば、アプレットがさらに便利になるでしょう。

定型アクションの設定画面で、「アクションを追加」→「IFTTT」をタップし、アプレットを選択します。

「実行条件を設定」→「音声」で、アプレットを呼び出すためのフレーズを入力します。

1 Amazon EchoとAlexaの基礎知識

2 Amazon Echoの基本操作

3 Amazon Echoで音楽や動画を楽しもう

4 Amazon Echoの機能をスキルで拡張しよう

5 Amazon Echoで家電を操作しよう

6 Amazon Echoの高度な使い方

7 Amazon Echo&Alexaでテレワークを快適に

多彩なサービスとAlexaを自由に連携させる

アプレットを自作して使ってみる

IFTTTのアプレットは、公開されているものを使うだけでなく、自分で作ることも可能です。
Alexaと連携させたいサービスを選んで自由に作成してみましょう。

EchoからTwitterに投稿するアプレットを作る

IFTTTには多数のアプレットが公開されていますが、必ずしも自分の目的に合うものが見つかるとは限りません。そこで、オリジナルのアプレットを自作する方法を知っておきましょう。画面の指示にし

たがってトリガーとアクションを設定するだけで、手軽に作成できます。ここでは例として、Echoにフレーズを話しかけるとTwitterに定型文を投稿できるアプレットの作り方を紹介します。

[アプレットを新規作成してトリガーを設定]

1 アプレットの作成を開始する

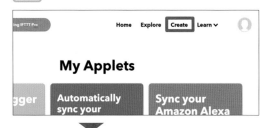

IFTTTの画面上部にある「Create」をクリックすると、アプレットの作成画面が表示されます。まず、トリガーを設定するために「If This」をクリックしましょう。

2 「Amazon Alexa」を選択

トリガーとして利用できるサービスの一覧が表示されます。検索ボックスに「Alexa」と入力し、結果が表示されたら「Amazon Alexa」をクリックします。

3 トリガーの種類を選ぶ

Alexaで利用できるトリガーは、全部で16種類あります。ここでは「Say a specific phrase」（特定のフレーズを話す）を選択します。

4 フレーズを入力する

トリガーとなるフレーズを、できるだけ短い文章で設定します。入力できたら「Create trigger」をクリックします。

[Twitterに投稿するためのアクションを設定]

1 アクションの設定を開始する

トリガーの設定が完了すると、このような画面が表示されるので、「Then That」をクリックします。

2 「Twitter」を選択する

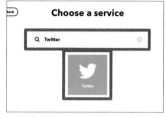

アクションとして利用できるサービスの一覧が表示されるので、「Twitter」を検索してクリックします。

3 アクションの種類を選ぶ

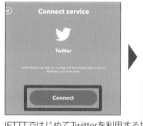

Twitterで利用できるアクションの一覧が表示されます。ここでは「Post a tweet」（ツイートを投稿する）を選んでクリックします。

4 アカウントへのアクセスを許可

IFTTTではじめてTwitterを利用する場合は、アカウントの連携が必要です。「Connect」をクリックし、表示される画面でアカウント情報を入力して「連携アプリを認証」をクリックします。

5 ツイートの内容を入力

ツイートの内容を入力します。「Add Ingredient」→「TriggeredAt」をクリックすると、投稿日時を自動で入力できます。完了したら「Create action」をクリックします。

POINT

自動的に記述する要素を追加

手順5の画面にある「Add Ingredient」は、アプレットで生成するデータに要素を追加するための機能です。この例では「TriggeredAt」のみですが、アクションやトリガーの種類によって追加できる要素が異なります。

6 アプレットの編集を完了する

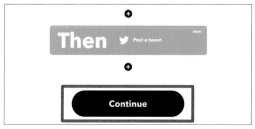

トリガーとアクションの設定が完了すると、このような画面が表示されるので、「Continue」をクリックします。

ATTENTION

無料版で自作できるアプレットは3つまで

IFTTTの無料版では、自分で作成できるアプレットの数が3つまでに制限されています。IFTTTを使いこなせるようになると、もっと多くのアプレットを作成したくなるものですが、その場合は有料の「IFTTT Pro」に申し込むしかありません。

右側縦見出し：
1 Amazon EchoとAlexaの基礎知識
2 Amazon Echoの基本操作
3 Amazon Echoで音楽や動画を楽しもう
4 Amazon Echoの機能をスキルで拡張しよう
5 Amazon Echoで家電を操作しよう
6 Amazon Echoの高度な使い方
7 Amazon Echo&Alexaでテレワークを快適に

1 アプレットの名前を設定する

ここまでの操作が完了すると、アプレットの保存画面が表示されます。アプレット名は自動的に入力されますが、長い英文になっているので、わかりやすい名前に変更しておきましょう。

2 アプレットを保存する

アプレット名を入力できたら、画面下部の「Finish」をクリックします。

3 アプレットの作成が完了

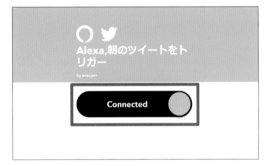

これでアプレットの作成が完了しました。「Connected」となっていることを確認しておきましょう。

4 「My Applets」に追加される

作成したアプレットは、「Home」画面にある「My Applets」の「Created by me」に追加されます。ここから編集画面を開いて設定を変更することも可能です。

1 Echoにフレーズを伝える

アプレットを使うときは、設定したフレーズをEchoに話しかけます。正常に認識されると「イフトに送信します」と応答が返ってきます。

2 ツイートが投稿される

Twitterにアクセスして確認してみましょう。アプレットが問題なく作成できていれば、設定した定型文が投稿されているはずです。

Alexaの買い物リストをEvernoteで管理する

Alexaのトリガーには、やることリストや買い物リストを利用するものもあります。ここでは例として「買い物リストに新しい項目を追加したら、Evernoteに送信する」というアプレットを作成します。Evernoteを使えば、チェックボックス付きのリストで買うべきものをわかりやすく管理できます。ノートの共有も可能なので、家族で共同の買い物リストを使いたい場合にも便利です。

[アプレットを使って買い物リストをノートに追加]

1 トリガーを設定する

94ページの手順1〜2と同様に操作したあと、トリガーの選択画面で「Item added to your Shopping List」(買い物リストに項目を追加する)を選択します。

2 アクションの種類を選択する

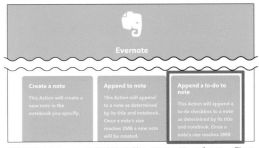

続いてアクションの設定を開始します。サービスの一覧で「Evernote」を検索してクリックし、図のような画面が表示されたら「Append a to-do to note」をクリックします。

3 ノートの作成方法を設定する

アクションの内容を設定する画面が表示されたら、各項目を入力し(詳しくは下の表を参照)、「Create action」をクリックします。

4 アプレットの動作を確認する

アレクサ、
買い物リストに
○○を追加

アプレットの作成が完了したら、Echoに「アレクサ、買い物リストに○○を追加」と話しかけましょう。Evernoteに新しいノートが作成され、買い物リストに追加した項目が書き込まれます。

アクションの設定項目

設定項目	内容
Title	ノートのタイトル。日本語が含まれていると正常に動作しないので、英語で入力しましょう
To-do	「AddedItem」(買い物リストに新しく追加された項目)を指定します
Notebook	保存先となるノートブックの名前。省略した場合はデフォルトのノートブックに追加されます
Tags	ノートブックに付けるタグ。不要なら省略可能です

ATTENTION
Evernoteのアクセス許可には期限がある

Evernoteでは、セキュリティ上の理由により、外部サービスからのアクセス許可に期限(最大1年間)が設けられています。この期限を過ぎるとアプレットが動作しなくなるので、「My services」→「Evernote」→「Settings」→「Edit」を開き(詳しくは89ページのコラム参照)、アクセスを再承認しましょう。

1 Amazon EchoとAlexaの基礎知識
2 Amazon Echoの基本操作
3 Amazon Echoで音楽や動画を楽しもう
4 Amazon Echoの機能をスキルで拡張しよう
5 Amazon Echoで家電を操作しよう
6 Amazon Echoの高度な使い方
7 Amazon Echo&Alexaでテレワークを快適に

IFTTTは、LINEと連携させることも可能です。ここでは、「Echoにフレーズを話しかけたら、定型文をLINEに送信する」というアプレットを作ってみましょう。この方法なら、スマホがなくても簡単にメッセージを送れるので、小さい子どもに使わせたいときなどに便利です。なお、ここではグループに送信する方法を説明しますが、1対1のトークでメッセージを受け取ることも可能です。

[AlexaとLINEを連携させるアプレットを作る]

1 トリガーを設定する

トリガーの設定方法は、94ページの手順1～4と同じです。ここではフレーズを「ただいま」と入力しました。設定できたら「Create trigger」をクリックします。

2 アクションの種類を選択

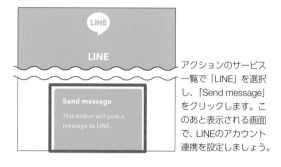

アクションのサービス一覧で「LINE」を選択し、「Send message」をクリックします。このあと表示される画面で、LINEのアカウント連携を設定しましょう。

3 送信先とメッセージを設定

「Recipient」で送信先のLINEグループを選択し、「Message」欄にメッセージの内容を入力します。日時を挿入したい場合は「Add Ingredient」→「TriggeredAt」をクリックしましょう。完了したら「Create action」をクリックします。

4 LINE側の設定を行う

メッセージは「LINE Notify」から送られてくるので、このユーザーを送信先のグループに追加しておきます。

5 Echoからメッセージを送る

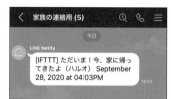

アプレットが有効になっていれば、Echoに「アレクサ、ただいまをトリガー」と話しかけると、指定したメッセージがLINEのグループに送信されます。

COLUMN 定型文以外のメッセージを投稿する裏ワザ

ここまでに紹介した方法でTwitterやLINEに投稿する場合、あらかじめ指定した定型文しか送信できません。しかし、「Echoに話しかけた内容をそのまま送信したい」と思う人も多いでしょう。その場合は、Alexaの買い物リストを利用するという方法があります。Alexaのトリガー一覧で「Item added to your Shopping List」を選択し、買い物リストに新しい項目を追加したらTwitterやLINEに送信するように設定します。そうすれば、Echoに「アレクサ、買い物リストに『おはよう』を追加」と話しかけると、TwitterやLINEに「おはよう」と投稿できるようになります。ただし、買い物リストを本来の用途で使うことはできなくなるので注意しましょう。

Amazon Echo&Alexaで
テレワークを快適に

コロナ禍の影響で一般的になったテレワークですが、Amazon Echoは
テレワークにも活用できます。いちばん役に立つ場面が多いのがビデオ
会議機能でしょう。最大7人までのグループ通話に対応しています。ま
た、スキルの中には仕事で利用できるものもあります。たとえば、25分
作業して5分休憩する「ポモドーロ・テクニック」のタイマー役を果た
してくれるスキルや、カフェの音を流して集中しやすくするスキルなど
が代表例です。さらに、IFTTT経由でビジネスチャットのSlackに定型文
を投稿するためのアプレットも利用できます。このアプレットを使えば、
始業時や終業時に報告が必要な場合、Echoに話しかけるだけで「これか
ら仕事を始めます」「今日はこれで終了します」といった報告が可能です。
ぜひいろいろと試してみてください。

ビジネスシーンでもEchoが活躍！

Echoをテレワークに活用するための方法

Amazon Echoは、工夫次第ではテレワークの場面でも活用できます。
具体的にはどのような活用方法があるのか、例を挙げながら紹介します。

Echoを使って仕事をスムーズに進めよう

テレワークではパソコンによる作業が中心となりますが、Echoをうまく組み合わせることで、効率アップを実現できます。たとえば仕事のスケジュールを確認したいとき、パソコンやスマホで調べるよりも、Alexaに教えてもらうほうがスピーディです。ちょっとした調べものや、簡単な計算、翻訳なども、Echoを使えば効率よく行えます。マウスやキーボードから手を離す必要がないので、作業を中断せずに済むのも大きなメリットです。

さらに便利に使うには、スキルを活用しましょう。スキルの中には、ToDoの管理やメモの作成など、仕事に役立つ機能を備えたものがたくさんあります。目的に応じたスキルを追加することで活用の幅が広がります。

また、IFTTTを利用すれば、業務で使うウェブサービスをEchoと連携させることができます。SlackやGoogleスプレッドシートなどを音声で操作できるようになり、大幅な効率化が可能です。

[Echoの機能を在宅での仕事に活かす]

● パソコンを使いながら操作できる

アレクサ、今日の予定は？

Echoは話しかけるだけで操作できるので、パソコンで作業しているときでも手を止めずに使えます。細かいことに思えますが、蓄積すれば大幅な時短につながります。

● 仕事に役立つスキルを活用

メモの作成、スケジュールやToDoの管理など、用途に合わせてスキルを追加すれば、テレワークでもっと有効にEchoを活用できます。

● IFTTTでさらに効率アップ

さまざまなサービスと連携

IFTTTを使ってAlexaと各種サービスを連携させれば、よく行う作業を音声だけで実行でき、日々の業務を効率よく進めるために役立ちます。

POINT
定型アクションを活用する

仕事でよく使う機能は、定型アクションに登録し、まとめて実行すると便利です。また、自宅でのテレワークは時間の管理が難しい面がありますが、その対策として定型アクションを活用してみましょう。たとえば、始業時間になったら「仕事の時間です」とAlexaに知らせてもらい、今日の予定を読み上げて、仕事用のBGMを再生する、といった使い方ができます。

Echoの通話機能で円滑にコミュニケーション

テレワークでのコミュニケーション手段として役立つのが、Echoの通話機能です。Echo Showシリーズならビデオ通話に対応しているので、お互いの顔を見ながらミーティングすることもできます。相手がEchoを持っていなくても、スマホやパソコンのAlexaアプリを使ってもらえば通話が可能です。

一般に、こういった用途にはZoomやGoogle Meetなどを使うことが多いですが、Echoならパソコンで作業しながらでも通話しやすいのが利点です。

特に、パソコンのスペックが低い場合やディスプレイのサイズが小さい場合には便利でしょう。「アレクサ、○○（相手の名前）に通話」と話しかけるだけで発信でき、応答も音声で可能なので、手間がかかりません。以前は1対1での通話しかできませんでしたが、現在は最大7人のグループ通話にも対応しているので、複数メンバーでの打ち合わせも可能です。ただし、スマホやパソコンのAlexaアプリはグループ通話には非対応です。

● ビデオ通話でミーティング

少人数のビデオ通話は
Echo Showで

大勢でのビデオ会議は
パソコンで

Echo Showでのビデオ通話は、テレワークにも役立ちます。ただし、グループ通話に参加できるのは最大7人なので、大人数での会議には別の方法を利用する必要があります。

● 急いで連絡したいときにも最適

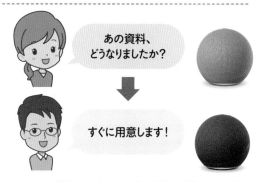

あの資料、
どうなりましたか？

すぐに用意します！

Echoのコール機能なら、音声ですばやく発信・応答でき、スピード感のあるやりとりが可能です。ハンズフリーで通話できるので、パソコンで作業しながら話したいときにも便利です。

● 事前に相手を登録しておく

Echoのコール機能で通話するには、あらかじめAlexaアプリの「連絡」タブで「連絡先」に相手を登録しておく必要があります。さらに、グループ通話を行いたい場合は、そのための設定も必要です。

POINT
アナウンス機能の利用

テレワーク中、別室にいる家族に連絡したいときはアナウンス機能を使うと便利です。たとえば「これからオンライン会議だから静かにしてね」と家族全員に伝えたいときなどに活用できます。なお、この機能は同一のアカウント間でしか使えないため、仕事相手との連絡には不向きです。

COLUMN　米国ではZoomとの連携にも対応

ビデオ会議用のツールとして、もっともよく使われているサービスの1つがZoomです。米国では、Echo Show 8/10でZoomを利用できる機能が提供されています。Alexaとの連携を設定したカレンダーにZoomのビデオ会議が登録されていれば、「アレクサ、Zoomミーティングに参加します」のように話しかけるだけで、すぐに会議を始めることができます。この機能が日本でも提供されるかどうかは、執筆時点（2021年6月現在）では不明です。もし実現すれば、テレワークにおけるEchoの活用がさらに便利になるはずなので、期待したいところです。

1 Amazon EchoとAlexaの基礎知識

2 Amazon Echoの基本操作

3 Amazon Echoで音楽や動画を楽しもう

4 Amazon Echoの機能をスキルで拡張しよう

5 Amazon Echoで家電を操作しよう

6 Amazon Echoの高度な使い方

7 Amazon Echo&Alexaでテレワークを快適に

タスク管理やメモ、計算などを音声で実行！

仕事の効率化に役立つ
スキルを活用する

Alexaのスキルには、集中力アップやToDoの管理など、ビジネスシーンで役立つものも
数多くあります。上手に活用して仕事の効率化につなげましょう。

生産性を向上させるスキルで仕事がはかどる

仕事効率化を目的としたスキルにはいろいろなものがありますが、ここでは例として「集中モード」を使った時間管理術を紹介します。このスキルは、「ポモドーロ・テクニック」と呼ばれる方法を実践するためのものです。短い作業時間と休憩時間を交互に繰り返すことで、高い集中力を維持できる効果があります。長時間ダラダラと作業をするより、メリハリをつけることで効率化につながります。

[「集中モード」でポモドーロ・テクニックを実践]

集中モード
提供元：Masayuki

1 「集中モード」をスタート

アレクサ、
集中モードを開いて

作業の開始・終了を
リマインダーにセットして
作業を開始しますか？

「集中モード」を呼び出すと、スキルの説明のあと、作業の開始と終了をセットするかたずねられます。

はい

リマインダーをセットしています。
しばらくお待ち下さい。
集中時間20分、休憩時間5分を
2セット開始します

「はい」と回答することで、作業時間20分と休憩時間5分を1セットとして、計2セットが設定されます。

2 終了時に通知で知らせてくれる

集中モードから、
1セット目の作業時間が終了。
5分の休憩開始の
リマインダーです

1セット目の作業終了時間になると、ライトリングが青く点滅し、音声で教えてくれます。また、同時にスマホにもリマインダーの通知が表示されるしくみです。

POINT
時間の設定を変更する

「集中モード」で設定される作業時間と休憩時間は、20分と5分の組み合わせが標準ですが、変更することも可能です。作業時間を変更する場合は、「アレクサ、集中モードを開いて、集中する時間を○分にセット」と話しかけます。休憩時間を変更する場合も、「アレクサ、集中モードを開いて、休憩する時間を○分にセット」と話せばOKです。

日々のやるべき作業を効率的に管理しよう

Alexaには「やることリスト」機能がありますが、期限の設定などはできないため、仕事で使うには少々力不足です。そこで活用したいのが、タスク管理サービスの「Any.do」です。スキルを使ってアカ

ウントのリンクを設定しておけば、「やることリスト」に登録した内容が自動的に同期されます。スマホ用のアプリと組み合わせれば、期限やサブタスク、メモなどの追加も可能です。

[「Any.do」でリストをより便利に使いこなす]

 Any.do
開発者：Any.DO
価格：無料

 iOS Android

1 Any.doのアカウントをリンク

Alexaアプリの「その他」→「スキル・ゲーム」をタップして「Any.do」を検索し、「有効にして使用する」→「アクセス権を保存」をタップします。なお、すでに有効になっている場合は「設定」をタップしましょう。

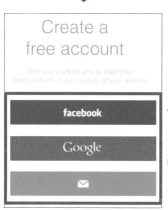

Any.doをすでに使っている人は既存のアカウントでログインしましょう。はじめての人は、Facebook、Google、メールアドレスのいずれかの方法でアカウントを作成します。

「Any.doアカウントが正常にリンクされました。」と表示されれば、設定は完了です。

2 やることリストにタスクを追加

 アレクサ、やることリストに「統計資料の作成」を追加して

 やることリストに「統計資料の作成」を追加しました

Alexaリストの通常の使い方で、やることリストに登録したいタスクを話しかけましょう。

3 Any.doアプリで確認

Alexaのリストに登録した内容は、Any.doアプリにも自動的に反映されます。タスクをタップすると、アラームの設定やサブタスク、メモなども追加できます。

> **COLUMN スキルをテレワークに活用するアイデア**
>
> 仕事に直接役立つスキルだけでなく、意外なスキルが効果を発揮することもあります。たとえば、BGMや環境音のスキルを使うと、集中力アップや気分転換につながります。また、ストレッチなどのスキルは運動不足の解消に。自宅で子どもの世話をしながら仕事している人には、キッズ向けゲームや読み聞かせなどのスキルが役立つかもしれません。

1 Amazon EchoとAlexaの基礎知識
2 Amazon Echoの基本操作
3 Amazon Echoで音楽や動画を楽しもう
4 Amazon Echoの機能をスキルで拡張しよう
5 Amazon Echoで家電を操作しよう
6 Amazon Echoの高度な使い方
7 Amazon Echo&Alexaでテレワークを快適に

[まだまだある！仕事の効率化に役立つスキル]

音楽・オーディオ

海外のカフェの音

おすすめ度 ★★★

提供元：AIMI NAKAJIMA

カフェの雑踏のサウンドを流してくれるスキル。最近はカフェで仕事をする人も多いですが、コロナ禍の影響で外出を控えている人もいるでしょう。そんなとき、このスキルを使えば実際にカフェにいるような気分で仕事に励めます。

ライフスタイル

会社の音

おすすめ度 ★★★

提供元：IDH開発者

せわしないオフィスの音声を30秒間流してくれるスキル。テレワークで自宅を仕事場にしていると、いまいち気分が仕事モードにならないという人もいますが、会社の音を聴くことで気持ちを自然に切り替えられます。

ライフスタイル

朝の歌

おすすめ度 ★★★

提供元：Healing.fm

癒やしをテーマにしたサウンドスキルです。長時間の作業が続くと、心身ともにストレスを感じるもの。心地よいヒーリングミュージックを流してくれるので、リラックスや気分転換に最適です。

ユーティリティ

学校チャイム

おすすめ度 ★★★

提供元：takamii

「キーン、コーン、カーン、コーン」という懐かしい学校のチャイム音を流してくれるスキルです。テレワークで作業の開始時などに使えば、「さあやるぞ！」と自然にヤル気モードに切り替わります。

ライフスタイル

イベント
カウントダウン

おすすめ度 ★★★

提供元：tachixxx

仕事の納期や重要な予定など、指定したイベントまでの残り日数を教えてくれるスキル。イベント名と期日を登録し、「イベントカウントダウンでイベントの一覧を教えて」と話しかけると残り日数を読み上げてくれます。

ユーティリティ

時間の記録

おすすめ度 ★★★

提供元：SyumiOD

開始時刻、経過時間、終了時刻の記録に特化したスキル。テレワーク時に作業時間を確認でき、タイムカード代わりに使えます。記録内容は終了時に自動的にAlexaアプリに送信されます。予定時間を通知する機能もあります。

仕事効率化

音声メールM

おすすめ度 ★★★

提供元：持田 徹

Outlook.comやMicrosoft 365など、Microsoftのメールサービスで受信したメールの冒頭を読み上げてくれます。「今日のメール」と話しかけることで、受信日時、件名、本文（250文字程度）を最大25通まで読み上げてくれます。

仕事効率化

音声メモ

おすすめ度 ★★★

提供元：ATSデジタルデザイン

話しかけた内容を自分宛てにメールで送信できるスキル。思いついたアイデアを記録したいときに活用できます。メールは、Amazonアカウントに登録したアドレスに「【音声メモ】からの配信」という件名で届きます。

ユーティリティ
伝言のルージュ
おすすめ度 ★★★

提供元：TAKAHIRO NISHIZONO

話しかけた内容を伝言メッセージとして残せるスキル。思いついたアイデアやちょっとしたメモ代わりに活用できます。日々のやるべきことを記録したいときなどにも便利です。記録したメッセージは、次回起動時に読み上げられます。

ユーティリティ

リマインドカレンダー
おすすめ度 ★★★

提供元：Tomoyuki Tochihira

Googleカレンダーに登録してある予定をリマインダーで教えてくれるスキル。最初に今日もしくは明日の予定を話しかけて確認し、読み上げられた予定の番号を選ぶと、指定時間にリマインダーを設定できるしくみです。

ユーティリティ

アシスタントリマインダー
おすすめ度 ★★★

提供元：SyumiOD

日の出・日の入り時刻、特定の曜日、祝日、二十四節気などをリマインダーで知らせてくれるスキル。例えば、「日没の1時間前に知らせて」「第三土曜日の9時に知らせて」のように話しかければリマインダーを設定できます。

ユーティリティ

リピートタイマー
おすすめ度 ★★★

提供元：tamorita

タイマーを好きな回数だけ繰り返して再生できるスキル。対話を通じてタイマー時間、セット回数、インターバル時間を設定できるので、短時間の仕事やトレーニングなどを繰り返して行う場合に便利です。

ユーティリティ

お手軽電卓
おすすめ度 ★★★

提供元：SyumiOD

Alexaの標準機能では対応していないメモリー機能を備えた電卓スキル。メモリーに値を登録しておき、「メモリーかける25は？」などと話せば計算できます。計算結果をもとに、「答えかける8は？」などと計算することも可能です。

ユーティリティ

ひづけ電卓
おすすめ度 ★★★

提供元：株式会社ONE WEDGE

日数や日付の計算に特化したスキル。特定の日付の曜日を調べたり、「昭和28年は西暦何年？」のように西暦と和暦の変換もできます。干支や閏年を調べることも可能で、日付に関する疑問のほとんどを解決できます。

ユーティリティ

日本語通訳 - 15言語以上の発音に対応！
おすすめ度 ★★★

提供元：Yamma & Co.

15言語以上に対応した翻訳スキル。「アレクサ、日本語通訳で韓国語」のように話しかけ、続いて日本語を話しかけると、翻訳した文章を読み上げてくれます。画面付きのデバイスでは、対応言語一覧からの選択も可能です。

ユーティリティ

毎日使う基本パッケージ「いつものやつ」
おすすめ度 ★★★

提供元：kiyo

日時やラッキーカラーを知らせると同時に、「今日も1日頑張りましょう」と励ましてくれるスキル。「アレクサ、いつものやつで励まして」で、格言も教えてくれます。1日の始まりに聴くことで、気持ちを新たにできるでしょう。

1 Amazon EchoとAlexaの基礎知識

2 Amazon Echoの基本操作

3 Amazon Echoで音楽や動画を楽しもう

4 Amazon Echoの機能をスキルで拡張しよう

5 Amazon Echoで家電を操作しよう

6 Amazon Echoの高度な使い方

7 Amazon Echo&Alexaでテレワークを快適に

ビジネス系サービスを Echoと連携させる

仕事でよく利用するウェブサービスは、IFTTTを使ってAlexaと連携させると便利です。
Echoに声をかけるだけで作業が完了し、大幅な効率アップが可能です。

IFTTTを利用してSlackに定型文を投稿する

ビジネスで使われるウェブサービスには、IFTTT
に対応しているものがたくさんあります。ここでは
例として、SlackをEchoと連携させるためのアプレ
ットを作成してみましょう。

Slackはビジネスチャットと呼ばれるサービスの
一種で、メールに代わる連絡手段として採用する企
業が増えています。テレワークを実施している企業

には、業務の開始・終了時にSlackでの連絡を義務
付けているところもありますが、こういったメッセ
ージをそのつど入力して送信するのは面倒です。
IFTTTを利用すれば、Echoに話しかけるだけで定型
文を簡単に投稿でき、省力化に役立ちます。

なお、IFTTTの基本的な使い方はChapter 6で解説
しているので、そちらも参考にしてください。

[Slackに投稿するためのアプレットを作成する]

1 アプレットの作成を開始

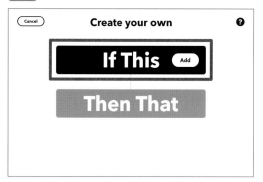

IFTTTの画面上部にある「Create」をクリックし、アプレットの
作成を開始します。まずトリガーを設定するために「If This」を
クリックしましょう。

2 トリガーの種類を選択する

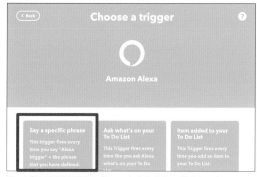

サービスの選択画面で「Alexa」と入力して検索し、「Amazon
Alexa」をクリックします。トリガーの一覧が表示されたら「Say
a specific phrase」をクリックします。

3 フレーズを入力する

トリガーとしてAlexaに話しかけるフレーズを入力し、「Create
trigger」をクリックします。

4 アクションの設定を開始する

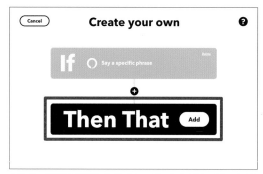

トリガーの設定が完了したら「Then That」をクリックし、アク
ションの設定を開始します。

5 アクションの種類を選択する

サービスの選択画面が表示されたら、「Slack」を検索してクリックします。Slackで利用できるアクションは「Post to channel」だけなので、これをクリックします。

6 アクセスを許可する

IFTTTではじめてSlackを利用するときは、アクセスの許可が必要です。「Connect」をクリックし、表示される画面で連携先のワークスペースを選択して「許可する」をクリックしましょう。

7 投稿先のチャンネルなどを選択

投稿先として「Channels」「Direct Messages」「Private Groups」のどれかを選択し、チャンネル名またはダイレクトメッセージの送信相手を選択します。

8 メッセージを入力する

次に、「Message」欄にメッセージの内容を入力します。メンションやハッシュタグを含めることも可能です。

9 アクションの作成を完了させる

タイトルやURLなども追加できますが、不要なら空欄にしておきます。完了したら「Create action」をクリックし、続いて「Continue」→「Finish」の順にクリックします。

ATTENTION
メッセージの投稿者はIFTTTになる

　ここで作成するアプレットを使ってSlackにメッセージを送信すると、投稿者が「IFTTT」になります。誰からのメッセージなのか不明だと都合が悪い場合は、手順8で設定するメッセージの本文内に自分の名前を入れておきましょう。また、混乱を招かないように、IFTTTを使用することをほかのメンバーに事前に伝えておいたほうがよいでしょう。

[アプレットを使ってEchoからSlackに投稿する]

1 Echoにフレーズを伝える

Echoに「アレクサ、〇〇をトリガー」と話しかけます。正しく認識されれば「イフトに送信します」と応答があります。

2 メッセージが投稿される

アクションとして設定した内容にしたがって、Slackにメッセージが投稿されます。

1 Amazon EchoとAlexaの基礎知識
2 Amazon Echoの基本操作
3 Amazon Echoで音楽や動画を楽しもう
4 Amazon Echoの機能をスキルで拡張しよう
5 Amazon Echoで家電を操作しよう
6 Amazon Echoの高度な使い方
7 Amazon Echo&Alexaでテレワークを快適に

音声でスプレッドシートに勤務時間を記録する

テレワークの実施中は、自分で勤務時間を管理する必要が生じることもあるでしょう。そこで、EchoとGoogleスプレッドシートを連携させ、仕事の開始・終了時刻を記録するアプレットを作ってみましょう。「アレクサ、仕事開始をトリガー」と話しかければ開始時刻を、「仕事終了をトリガー」で終了時刻を記録できるようにします。この処理を実行するには、2つのアプレットを作成する必要があります。さらにアプレットを増やすことで、休憩時間の開始・終了を記録することも可能です。

［ 開始時刻を記録するためのアプレットを作成 ］

1 アクションの設定を開始

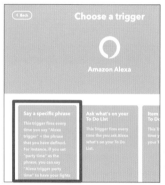

まず、仕事の開始時刻を記録するアプレットを作成します。106ページの手順1～2と同様の操作で、「Say a specific phrase」をクリックします。

2 フレーズを入力する

トリガーとなるフレーズを設定します。ここでは「仕事開始」としました。入力できたら「Create trigger」をクリックします。

3 アクションの種類を選択する

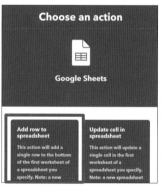

続いてアクションを設定します。「Then That」をクリックして「Google Sheets」を検索し、「Add row to spreadsheet」をクリックします。

4 アクセスを許可する

IFTTTでGoogle Sheetsをはじめて利用する場合は、アクセス許可が必要です。「Connect」をクリックし、Googleアカウントでログインして「許可」をクリックします。

5 ファイル名と記述内容を設定

「Spreadsheet name」にスプレッドシートのファイル名を入力します。「Formatted row」には、最初から「TriggerdAt|||」と入力されているので、その後ろに「開始」と入力しましょう。

POINT

ファイル名などの設定方法

手順5の「Spreadsheet name」で設定するファイル名は、日本語も使用できます。設定した名前のファイルが存在しない場合は、自動的に作成されます。また、「Formatted row」にある「TriggerdAt」はトリガーを実行した日時、「|||」（パイプ3個）は列の区切りを示します。列をさらに追加したい場合は、「|||」で区切って記述内容を入力しましょう。

6 ファイルのパスを設定する

「Drive folder path」にフォルダーのパスを入力します。設定できたら「Create action」→「Continue」→「Finish」をクリックします。これで1つめのアプレット作成は完了です。

[終了時刻を記録するためのアプレットを作る]

1 トリガーを設定する

続いて、仕事の終了時刻を記録するためのアプレットを作成します。基本的な手順は1つめのアプレットと同じです。トリガーとなるフレーズは「仕事終了」と入力します。

2 アクションを設定する

次にアクションを設定します。ファイル名とフォルダーのパスは、1つめのアプレットと同じものを入力します。「Formatted row」は、「TriggerdAtⅢ」の後ろに「終了」と入力しましょう。

[アプレットを使って時刻を記録する]

1 Echoにフレーズを伝える

アレクサ、
仕事開始をトリガー

イフトに送信します

開始時刻を記録するときは「アレクサ、仕事開始をトリガー」、終了時刻の場合は「アレクサ、仕事終了をトリガー」と話します。

2 開始・終了時刻が記録される

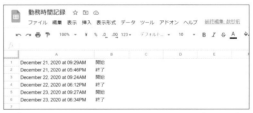

スプレッドシートを開いて確認してみましょう。アプレットが正しく動作していれば、トリガーを実行した日時が記録され、その右のセルに「開始」または「終了」と入力されているはずです。

COLUMN Gmailなどのサービスとの連携も可能

IFTTTでは、ここまでに紹介したもの以外にも多数のビジネス系サービスをEchoと連携させることができます。たとえばGmailと連携させると、Echoに話しかけるだけで定型文のメールを送信できます。決まった内容のメールを送ることが多い人には便利でしょう。

アクションで「Gmail」を選択したときの設定画面。特定のユーザーにメールを送る場合は「Send an email」、自分宛てに送信する場合は「Send yourself an email」を選択します。

1 Amazon EchoとAlexaの基礎知識

2 Amazon Echoの基本操作

3 Amazon Echoで音楽や動画を楽しもう

4 Amazon Echoの機能をスキルで拡張しよう

5 Amazon Echoで家電を操作しよう

6 Amazon Echoの高度な使い方

7 Amazon Echo&Alexaでテレワークを快適に

付録　簡単で聞き取りやすい話しかけ方を知っておこう

Alexa音声リクエスト一覧

スマートスピーカーは普段の会話のように話しかけても反応してくれると思いがちですが、実は話し方が少し違うだけでもAlexaが反応しないこともあります。ここでは、聞き取ってくれやすく、しかも覚えておきやすい話し方とAlexaの反応例をまとめたので、ぜひ参考にしてください。

基本

止めて／ストップ	（操作を停止する）
再開	（停止した操作を再開する）
使い方を教えて／使い方を紹介	はい、試せることをいくつか簡単に紹介します（使い方の紹介）／前回途中でやめたところから、また一緒にやっていきましょう（使い方の紹介の続き）
終了	（スキルを中断・終了する）
次／進む／進んで	（ニュース、音楽、アプリなどで次に進む）
前／戻る／戻って	（ニュース、音楽、アプリなどで前に戻る）
音楽を聴く／アラームの音を変える／カレンダーに予定を追加する／Kindleを聞く／所在地を設定するにはどうしたらい？	（各機能の操作方法の説明。「Kindleを聞く」で購入済みのKindle本を読み上げる）
何ができる?	たくさんあります。例を挙げます（例を教えてくれる）
新機能	（最新の新機能の説明）
最近の新機能は何?	（少し前の新機能の説明）
もう一度／繰り返し	（直前の話しかけに対する回答）
通知	（新しい通知が読み上げられる）

画面付き

ホーム	（初期画面に戻る）
設定	設定項目です（設定画面が表示される）

天気

天気	［現在地］の現在の天気は（以下、今日の天気予報）
明日の天気／天気、明日	明日、［現在地］は（以下、明日の天気予報）
明後日の天気／天気、明後日	明後日、［現在地］は（以下、明後日の天気予報）
○曜日の天気／天気、○曜日	○月○日○曜日の天気予報です（以下、○曜日の天気予報）
週末の天気／天気、週末	今週末の○○は（以下、週末の天気予報）
来週の天気／天気、来週	向こう1週間の予報。日曜日は（以下、土曜日までの天気予報）
［地名］の天気／天気、［地名］	［地名］の現在の天気は（以下、指定した場所の天気予報）

気温

気温	現在の気温は摂氏○度です。今日の予想最高気温は○度です
［地名］の気温	［地名］の現在の気温は摂氏○度です。今日の予想最高気温は○度です
降水確率	今日は（以下、今日の降水確率）
明日の降水確率	明日、［現在地］市で（以下、明日の降水確率など）
湿度	現在の湿度は○%です
［地名］の湿度	現在の［地名］の湿度は○%です
風速	現在の風速は時速○キロメートルで（以下、風速の情報）
［地名］の風速	［地名］の現在の風速は時速○キロメートルで（以下、風速の情報）
明日の風速	明日は風速約時速○キロメートルで（以下、風速の情報）
［地名］明日の風速／明日［地名］の風速	明日、［地名］では風速約時速○キロメートルで（以下、風速の情報）

ニュース

ニュース	○○さん、最新ニュースです（以下、フラッシュニュース）

買い物

商品	（Amazonで注文した商品の配達予定）

音量調節

ミュートして	（音量が最小になる）
ミュート、解除	（ミュート前の音量に戻る）
上げて／アップ／大きく	（音量が1段階上がる）
下げて／ダウン／小さく	（音量が1段階下がる）
［1〜10］段階上げて	（1〜10段階音量が上がる。ただし、最大音量は超えない）
［1〜10］段階下げて	（1〜10段階音量が下がる。最低音量以下を指定すると、ミュートになる）
音量［1〜10］	（指定した段階に音量が上下する）

音楽再生

音楽	Amazon Musicで○○を再生します（何が再生されるかは場合による）
［アーティスト名］	［アーティスト名］の曲をシャッフル再生します
［アーティスト名］の［曲名］	Amazon Musicで［アーティスト名］の［曲名］を再生します

※Alexaの機能は頻繁にアップデートされるので、ここに記述したとおりの応答が得られるとは限りません。

曲名	これは［アーティスト名］［曲名］です
［ジャンル名］	［ジャンル名］をかけますか？
［アーティスト名］の最新アルバム	［アーティスト名］の最新アルバム○○を再生します
曲をもう一回／曲を繰り返し	リピート再生します
［シチュエーション］の音楽	おすすめのプレイリスト○○をAmazon Musicで再生します

日付

次の祝日	次の祝日は○○の日で、○○年○月○日○曜日です。

時刻

何時？	午前○時です／午後○時です
何日？／日付	○月○日○曜日です
今年は何年？	今年は○○年です

タイマー

タイマー○分	1番目、○分のタイマーを開始します
タイマーキャンセル	○分タイマーをキャンセルしました（タイマーが1つしか設定されていないとき）
タイマーキャンセル	このデバイスにはタイマーが○個あります（タイマーが複数設定されているとき。以下、それぞれのタイマーの残り時間）
全部のタイマーキャンセル	タイマーをすべてキャンセルします
［キーワード］のタイマー○分	○分のタイマー［キーワード］を開始します
［キーワード］のタイマーキャンセル	［キーワード］タイマーをキャンセルしました

アラーム

アラーム	何時にアラームを設定しますか（このあと、時刻を話しかければ設定できる）
アラーム午前○時○分	午前○時○分にアラームを設定しました
アラームキャンセル	午前○時○分のアラームをキャンセルしました
アラーム毎日午前○時	毎日午前○時にアラームを設定しました
アラーム全部キャンセル	アラームをすべてキャンセルします
アラーム毎週○曜日午前○時	毎週○曜日の午前○時に設定しました
アラーム週末午前○時	毎週末の午前○時に設定しました

計算

○［単位］は何［別の単位］？	（単位を換算する）
○足す○／○引く○／○掛ける○／○割る○	（計算結果）
○○の○％	（計算結果）

○の階乗	○の階乗は（以下、階乗の計算結果）
ルート○	ルート○の近似値は（以下、ルートの計算結果）

翻訳

［言語名］で［日本語］	［日本語］を［言語名］で言うと（以下、翻訳結果）
［日本語］を［言語名］で	［日本語］を［言語名］で言うと（以下、翻訳結果）

科学

光の速さ	光のスピードは○○です
音の速さ	音速は空気中では○○です

歴史

今日は何の日？	○月○日は、○○の日です（以下、記念日の説明）
［歴史上の出来事］は、いつ？	［歴史上の出来事］は○年○月○日に始まりました
［年号］○年は何年？	［年号］○年は西暦○○年です
○年は［年号］何年？	西暦○○年は［年号］○年です
［歴史上の用語］は、なに？	辞書で［歴史上の用語］についての説明が見つかりました（以下、出来事の説明）

有名人

［人名］は、誰？	こんな説明が見つかりました。［人名］は（以下、人名の説明）
［人名］の誕生日	［人名］の誕生日は○○年○月○日です

地理

［国名］の人口	○○年の時点で、［国名］の人口は○○人でした
［地名など］は、なに？	こんな説明が見つかりました（以下、地名などに関する説明）
［国名］の首都	［国名］の首都は○○です
最大の国は、なに？	世界でもっとも広い主権国家はロシアで（以下、面積などの情報）
最大の人口の国は、なに？	いちばん人口が多い国は中国です（以下、人口の情報）
太平洋の深さ	太平洋の深さは○○メートルです
いちばん長い川は、なに？	世界で最長の川はナイル川で、全長は6695キロメートルです
［川の名前］の長さ	○○川の全長は○キロメートルです
いちばん高い山	海面からの標高がいちばん高い山はエベレストです（以下、高さの情報）
［山の名前］の高さ	［山の名前］の海面からの高さは○○です
いちばん暑い場所	（気温の高い場所の情報）
いちばん寒い場所	世界で最も寒い地理的エリアはボストーク基地です
［地名］の名物料理	ウィキトラベルによると、［地名］の名物料理は（以下、名物料理についての説明）